JN169679

柴尾 学——著

アザミウマ

防除ハンドブック

診断フローチャート付

農文協

アザミウマ
被害からわかる種類と防ぎ方

ネギアザミウマ
(左：雄、右：雌)

赤い色・光の利用

赤色防虫ネット（46 ページ）

赤色光照射
(50 ページ)

天敵利用（60 ページ）

スワルスキー
カブリダニ

タイリクヒメハナカメムシ
〈天敵農薬タイリク〉

メタリジウム菌
〈天敵微生物農薬パイレーツ粒剤〉

（写真提供：城塚可奈子）

ミウマ類の被害

（33～35ページ参照）

葉脈沿いの白斑・褐変

ナス

葉脈に沿って白斑

キュウリ

葉脈に沿って白斑

チシャ

葉の付け根から葉脈に沿って褐変

ネギ

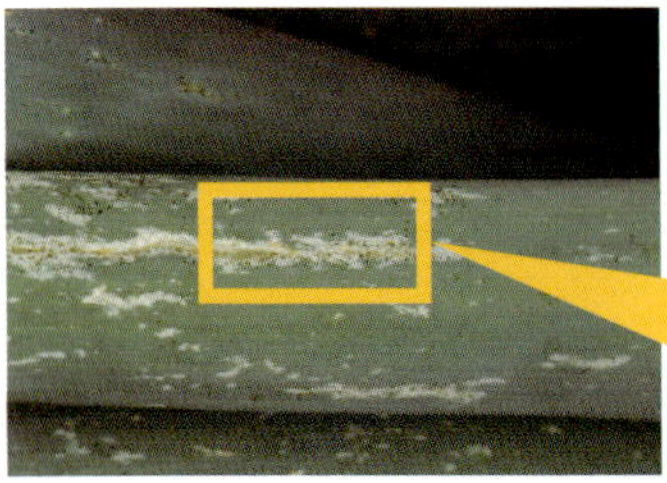

傷を拡大したら食害している幼虫がいた

葉に現われるアザ

ブドウ

葉柄から葉脈に沿って褐変

葉脈間の白斑・褐変・シルバリング

イチゴ

葉脈間に白斑

ナス

葉脈間に白斑・褐変

葉裏のシルバリング
(葉全体が銀白色に光っているように見える)

葉の奇形

キク

ホウレンソウ

シュンギク

アザミウマの被害

（33 ～ 35ページ参照）

果　実

水ナス

初期

果頂部に円形脱色斑

果頂部全体が着色不良

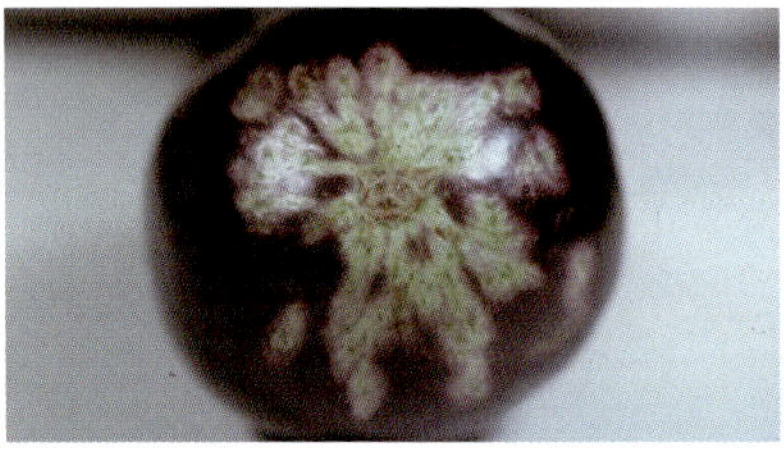

ナス

果面に縦筋状の傷

がく下の果面の褐変

初期

キュウリ

果実表面の白～茶褐色の傷

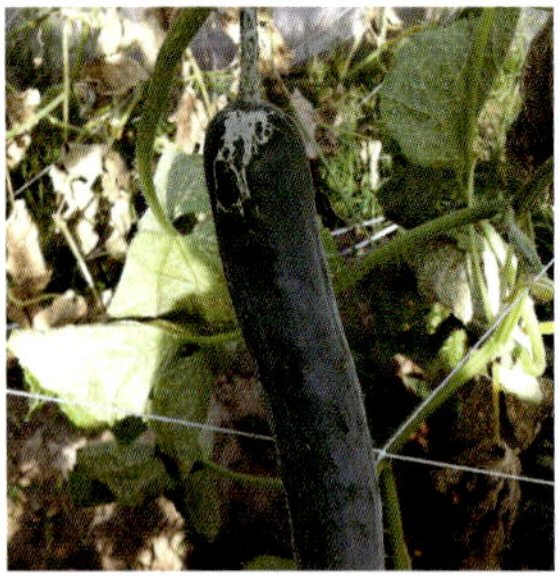

ピーマン

果実表面の茶褐色の傷

トマト

果実の白ぶくれ

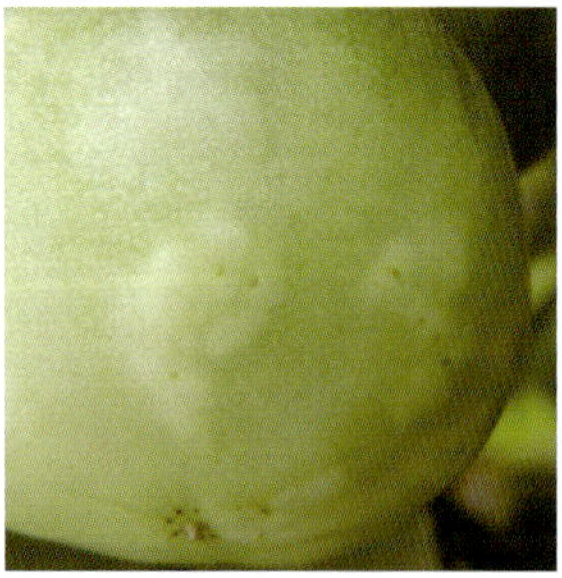

ブドウ

果実表面の茶褐色の傷

イチジク

果実内部の褐変

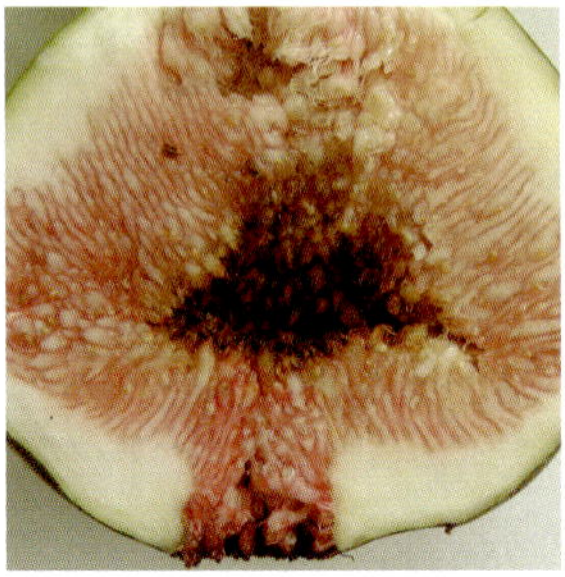

カンキツ

表面に褐色の傷

花・果実に現われる

花（弁）

ガーベラ

花弁の白斑

キク

花弁の白斑

カーネーション

花弁の白斑

トルコギキョウ

花弁の白斑

キク

花弁の褐変

被害症状から見分ける簡単ポイント（例：ナス）

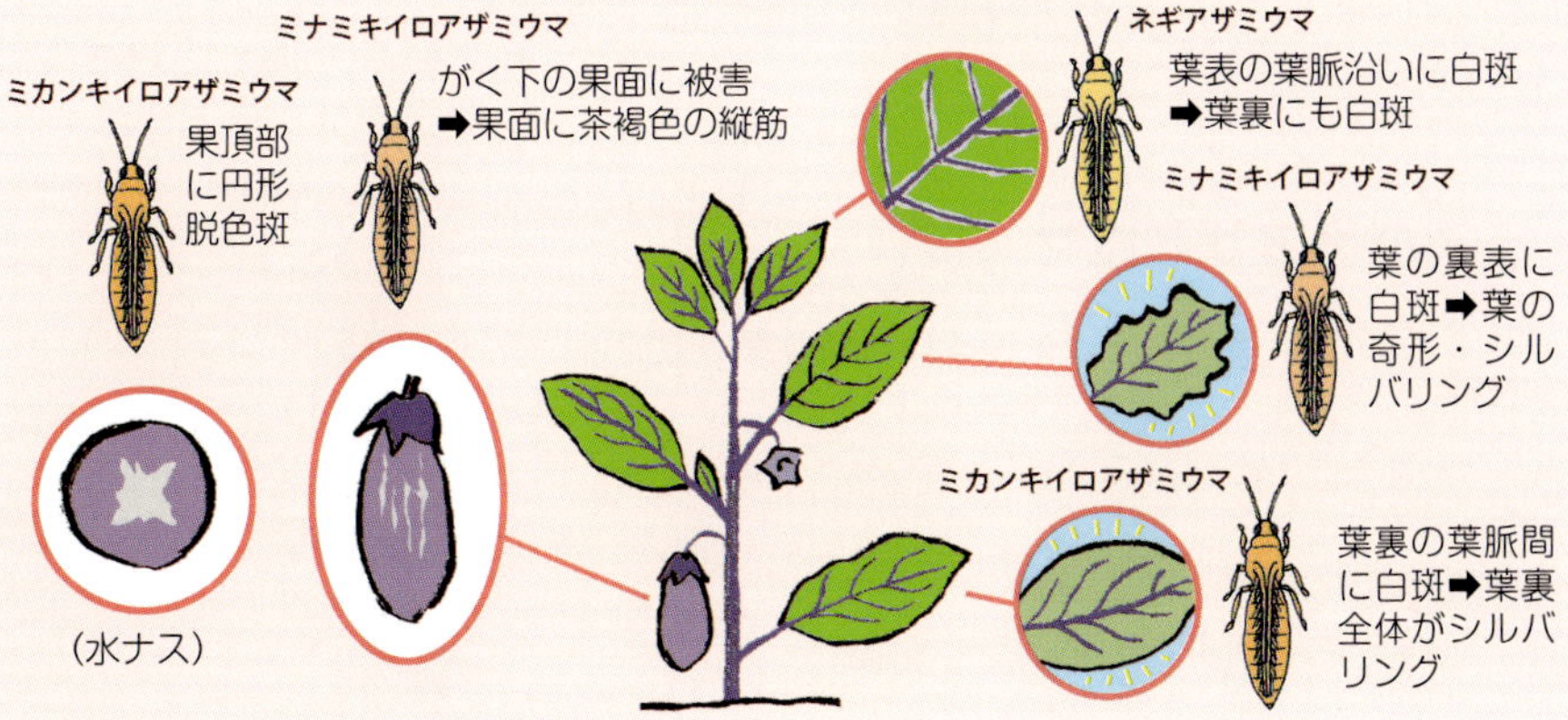

にズームイン！

（18 ～ 20ページ参照）

ミナミキイロアザミウマ

薬剤抵抗性害虫の王様。ウイルス（MYSV、WSMoV）媒介

見た目 雌成虫は体長 1.2 ～ 1.4㎜。体色は黄色。翅をたたむと、背中に黒い筋があるように見える

発 生 露地：5 ～ 10 月。低温に弱く、寒地の野外では越冬できない。施設栽培では周年発生

ネギアザミウマ

ウイルス（IYSV）媒介。新系統発生を確認

見た目 雌成虫は体長 1.1 ～ 1.6㎜。体色は、夏は淡黄色～黄褐色、冬は褐色

発 生 耐暑性・耐寒性があり、露地では周年発生

ミカンキイロアザミウマ

ウイルス（TSWV）媒介

見た目 雌成虫は体長 1.4 ～ 1.7㎜。体色は、夏は黄土色、冬は茶褐色

発 生 耐暑性・耐寒性があり、露地では周年発生

ヒラズハナアザミウマ

ウイルス（TSWV）媒介。ミカンキイロ同様の深刻な被害

見た目 雌成虫は体長 1.3 ～ 1.7㎜。体色は褐色～黒褐色

発 生 露地：4 ～ 11 月。短日条件で生殖休眠

害虫アザミウマ

チャノキイロアザミウマ

ピーマン、マンゴーを食害する新系統を確認

見た目	雌成虫は体長 0.8 ～ 1.0㎜。体色は黄色。翅をたたむと、背中に黒い筋があるように見える
発　生	露地：4 ～ 10 月。主にチャ、ブドウ、カンキツなど木本類で発生

アザミウマの華麗なる変身 （22、23ページ参照）

天敵と天敵温存植物

（67～70ページ参照）

天敵温存植物

マリーゴールド

（写真提供：赤松富仁）

オクラ

ゴマ

（写真提供：中石一英）

オオムギ

（写真提供：柳内勝吉）

ナミヒメハナカメムシ

アザミウマを捕食するナミヒメハナカメムシの成虫（上）と幼虫（左）

タバコカスミカメ

（写真提供：下元満喜）

キイカブリダニ

コウズケカブリダニ

まえがき

「アザミウマ」は非常に身近で、非常に手ごわい害虫である。体長一〜二㎜程度ときわめて微小なため見逃しやすいが、ひとたび多発を許せば、野菜、果樹、花など多くの作物を吸汁・加害して商品価値を大きく低下させ、トマト黄化えそウイルス（ＴＳＷＶ）などのウイルス病まで媒介する。札付きの重要害虫である。もともと日本に生息していた種もいるが、最近では外国から侵入した種や新しい系統のアザミウマが発生し、被害を拡大させている。

日本では、作物を加害するアザミウマとして三科四四種が確認されている。その発生生態や被害症状はアザミウマの種により異なる。なかでも、作物への被害が著しいアザミウマは、ミナミキイロアザミウマ、ネギアザミウマ、ミカンキイロアザミウマ、ヒラズハナアザミウマ、チャノキイロアザミウマの五種だ。いずれも微小で形態が似ており、種の判別には専門的な知識と実体顕微鏡が必要とされてきた。

また、これらのアザミウマは、多くが農薬に対して強くなっているからやっかいだ。種によっては農薬だけで防ぐのはすでに不可能となっている。にもかかわらず、現場では農薬のローテーション散布、苗床など圃場管理をはじめとする耕種的防除、防除資材を利用した物理的防除、天敵を利用した生物的防除など、総合的な防除対策への理解があまり進んでいないようである。これは、アザミウマの発見と加害種の判別が困難なことに一因がある。加害種の判別ができなければ、どう対処すればよいかもわからない。

しかし、そんなアザミウマにも防ぎようはある。ルーペなどを使って、発生しているアザミウマの大まかな形態的特徴を確認し、作物に特有の被害症状も併せて確認すれば、誰でも現場で加害種をある程度判別できる。加害種が判別できれば、有効薬剤およびその系統がわかるので、農薬のローテーション散布も可能だ。さらに、近年では農作物の栽培体系と圃場の環境条件を考慮した、最適な防除体系も考えることができる。

新系統の農薬、色や光を利用した防除法、新しい天敵資材（生物農薬）、土着天敵の利用技術などの研究も進展している。

本書ではこれら最新の成果を積極的に盛り込みながら、新たな武器として、栽培品目ごとに加害種の簡易診断法（診断フローチャート）と具体的な防除対策を示した。アザミウマ防除の突破口となれば幸いである。

農作物や園芸植物のアザミウマ被害に困っている農家、家庭菜園や庭の花を楽しむ方々、農協の営農指導員や都道府県の普及指導員など農業技術者のみなさんのお役に立てることを心から願うしだいである。

二〇一六年一月十一日

柴尾　学

目次

Ⅳ 品目別 防除マニュアル

序章　アザミウマ防除の落とし穴

初期発生を見逃すと後が大変

野菜、果樹、花などを栽培していると、葉に白色の斑点が現われたり、わずかに縮れたり、花の色が脱色することがある。虫が見えず、栽培管理や風すれなど物理的な原因でも生じるような「些細な傷の症状」を、そのまま放置していませんか。気が付いたころには、葉が落葉し、果実が傷つき、ウイルス病が蔓延する。これらの症状がみられたら、「アザミウマ」の被害を疑う必要がある。

アザミウマは、体長が〇・八～二・〇㎜の微小な昆虫である。植物の隙間に潜む性質があるため、肉眼では発見が難しい。また、繁殖のスピードが速いため、あっという間に発生が多くなり、農作物に大きな被害を及ぼす。

アザミウマの被害症状は多様である。口絵を見ながら読み進めていただきたい。

葉では葉脈沿いの白斑または褐変、葉脈間の白斑または褐変、葉全面が白色または銀色に光る（シルバリング）、葉の縮れや奇形などの症状が出る。

また、花では花弁の白斑や褐変、果実では野菜の果実表面の茶褐色の傷や白ぶくれ、果樹の果実表面の茶褐色の傷や果実内部の褐変などの症状が出る。さらに、ウイルス病を媒介し、感染した株が枯死することがある。

被害を未然に防ぐためには、早期発見が重要である。

「どれもアザミウマ」では防げない

この虫は、普段は「アザミウマ」、略して「ウマ」と呼ばれる。これは、明治時代のころに、子どもがアザミの花を叩いて「ウマ出よ、ウマ出よ」とはやし立てながら、花の中から出てくるアザミウマの数を競って遊んだことに由来する。また、アザミウマを「スリップス」と呼ぶことがある。これは、アザミウマの英名「Thrips」からきたものである。

日本応用動物昆虫学会が編集・発行した『農林有害動物・昆虫名鑑増補改訂版（二〇〇六）』によると、日本で農作物を加害するアザミウマとして、シマアザミウマ科一種、アザミウマ科三一種、クダアザミウマ科一二種の計四四種が記載されている。

なかでも、農作物に重大な被害を及ぼすアザミウマ（口絵六～七ページ）は、ミナミキイロアザミウマ（以下ミナミキイロとする）、ネギアザミウマ、ミカンキイロアザミウマ（以下ミカンキイロとする）、ヒラズハナアザミウマ（以下ヒラズハナとする）、チャノキイロアザミウマ（以下チャノキイロとする）の五種類である。これらのア

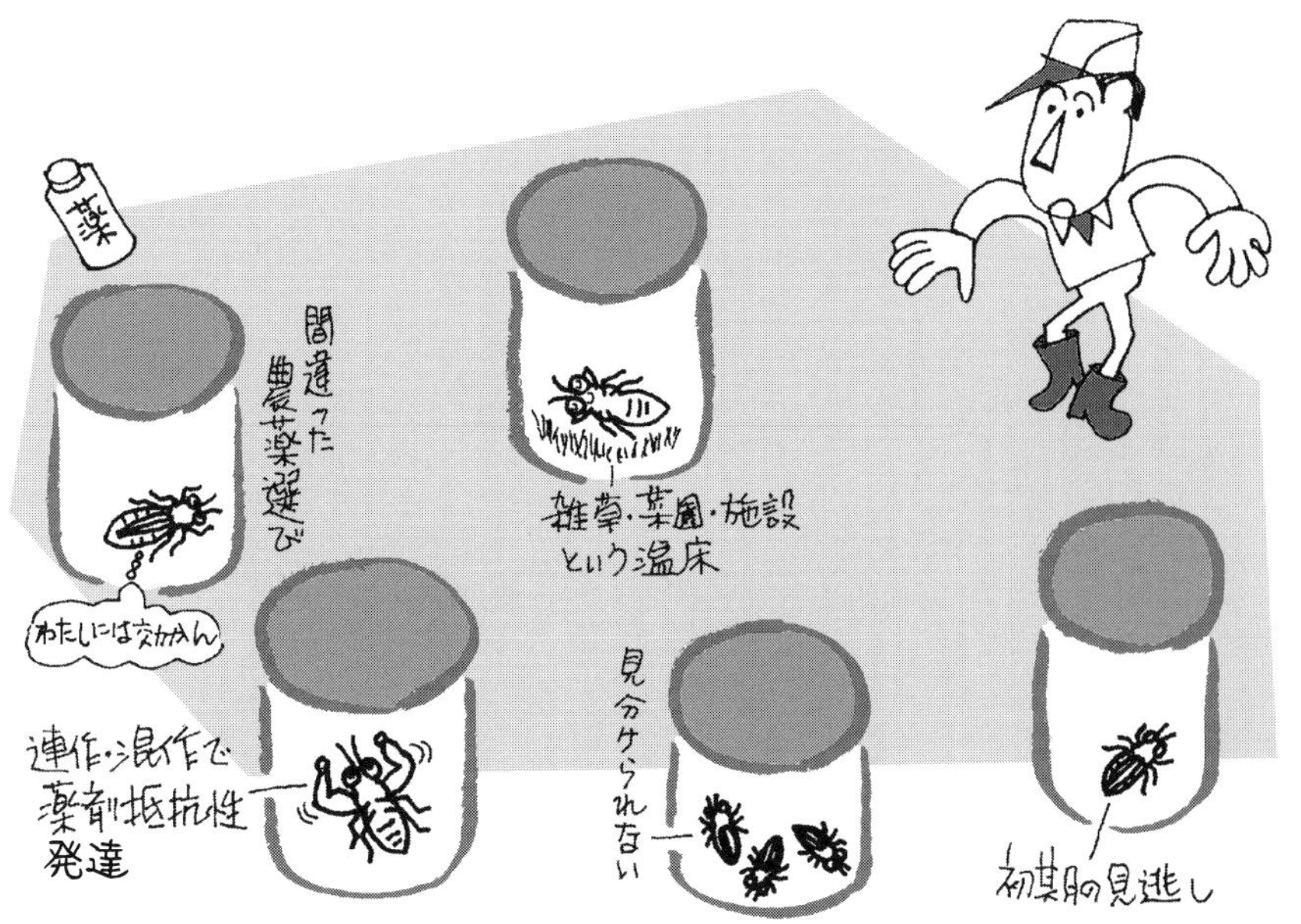

ザミウマはどれも非常に微小で、その姿もよく似ている。

　アザミウマの被害を最小限に抑えるためには、アザミウマの形態や農作物の被害症状から、発生しているアザミウマの種を見分けることが重要である。「どれもアザミウマ」ではアザミウマの被害は防げない。

間違った農薬選びで被害が拡大

　アザミウマの被害を防ぐための、最も有効な手段のひとつは農薬散布である。アザミウマの発生が多いときには、農薬ラベルの対象病害虫に「アザミウマ類」、「ミカンキイロアザミウマ」、「ミナミキイロアザミウマ」などと書いてある農薬を選択し、希釈濃度などを守ってすぐに散布する必要がある。

　だが、これで大丈夫だと思っていると大きな間違いを犯すことになる。その原因は、多くのアザミウマが農薬に対して強くなっているからである。これを薬剤抵抗性という。これは、昔は有効であった農薬が、散布をくり返すうちに農薬に対して強くなり、しだいに殺虫効果が低下することをいう。さらに、アザミウマの種によって、農薬に対する強さの程度が異なるのでやっかいだ。

　たとえば、A剤はネギアザミウマに対しては有効であるが、ミカンキイロに対しては効果が低いということがある。したがって、どの農薬が有効なのかを知る必要がある。間違った農薬を

表序-1　アザミウマの寄主植物

ミナミキイロ（40種）	イネ、ジャガイモ、サツマイモ、ダイズ、インゲンマメ、アズキ、ササゲ、エンドウ、ソラマメ、トウガラシ、ピーマン、ナス、キュウリ、メロン、シロウリ、マクワウリ、スイカ、カボチャ、シソ、オクラ、フダンソウ、ホウレンソウ、ブドウ、イチジク、マンゴー、キク、ダリア、ヒャクニチソウ、ガーベラ、コスモス、ヒマワリ、ホオズキ、アサガオ、シクラメン、カーネーション、セキチク、ナデシコ、ハイビスカス、ムクゲ、フヨウ
ネギアザミウマ（44種）	ダイズ、インゲンマメ、アズキ、ササゲ、エンドウ、ソラマメ、ナス、トマト、キュウリ、メロン、シロウリ、マクワウリ、スイカ、カボチャ、ダイコン、ハクサイ、キャベツ、カブ、カリフラワー、ブロッコリー、タマネギ、ネギ、ニンニク、アスパラガス、イチゴ、カンキツ、キンカン、カラタチ、イチジク、キク、ダリア、マリーゴールド、トルコギキョウ、スターチス、バラ、カーネーション、セキチク、ナデシコ、シュッコンカスミソウ、グラジオラス、ユリ、スイセン、アマリリス、カラー
ミカンキイロ（66種）	サツマイモ、ダイズ、インゲンマメ、アズキ、ササゲ、トウガラシ、ピーマン、ナス、トマト、キュウリ、メロン、シロウリ、マクワウリ、スイカ、カボチャ、タマネギ、ネギ、ニンニク、レタス、シソ、フダンソウ、ホウレンソウ、イチゴ、アスパラガス、カンキツ、キンカン、カラタチ、モモ、ネクタリン、ニホンスモモ、ヨーロッパスモモ、ブドウ、カキ、マンゴー、キク、ダリア、ガーベラ、ヒャクニチソウ、アスター、キンセンカ、マリーゴールド、コスモス、ヒマワリ、サルビア、キンギョソウ、ホオズキ、トルコギキョウ、シクラメン、スターチス、バラ、タチアオイ、ホウセンカ、インパチェンス、デルフィニュウム、カーネーション、セキチク、ナデシコ、ベゴニア、アイリス、イチハツ、シャガ、アヤメ、グラジオラス、チューリップ、ラン
ヒラズハナ（82種）	ダイズ、インゲンマメ、アズキ、ササゲ、エンドウ、ソラマメ、ラッカセイ、トウガラシ、ピーマン、ナス、トマト、キュウリ、メロン、シロウリ、マクワウリ、スイカ、カボチャ、タマネギ、ネギ、ニンニク、シソ、オクラ、イチゴ、カンキツ、キンカン、カラタチ、ウメ、アンズ、カキ、イチジク、バナナ、マンゴー、チャ、テンサイ、キク、ダリア、ガーベラ、ヒャクニチソウ、アスター、コスモス、ヒマワリ、サルビア、キンギョソウ、ホオズキ、アサガオ、リンドウ、トルコギキョウ、バラ、タチアオイ、ストック、ボタン、シャクヤク、デルフィニュウム、カーネーション、セキチク、ナデシコ、シュッコンカスミソウ、スミレ、ベゴニア、アイリス、イチハツ、シャガ、アヤメ、ユリ、カラー、ラン、アジサイ、ボケ、ヤマブキ、ハイビスカス、ムクゲ、フヨウ、ツバキ、ヤブツバキ、サザンカ、サツキ、ツツジ、アザレア、シャクナゲ、アセビ、キョウチクトウ、クチナシ
チャノキイロ（67種）	ラッカセイ、タラノキ、イチゴ、カンキツ、キンカン、カラタチ、ニホンナシ、チュウゴクナシ、セイヨウナシ、モモ、ネクタリン、ニホンスモモ、ヨーロッパスモモ、ウメ、アンズ、ブドウ、カキ、クリ、ヤマモモ、イチジク、アケビ、ミツバアケビ、キウイ、マンゴー、チェリモヤ、チャ、キク、ダリア、ホオズキ、トルコギキョウ、バラ、ベゴニア、アイリス、イチハツ、シャガ、アヤメ、イヌマキ、イチイ、キャラボク、ウバメガシ、エノキ、シキミ、アジサイ、トベラ、イスノキ、サクラ、ピラカンサ、カナメモチ、シャリンバイ、ナンキンハゼ、ツゲ、イヌツゲ、ツバキ、ヤブツバキ、サザンカ、ヒサカキ、ハマヒサカキ、モッコク、サツキ、ツツジ、アザレア、シャクナゲ、モクセイ、キンモクセイ、ヒイラギ、ヒイラギモクセイ、クチナシ

注）農林有害動物・昆虫名鑑増補改訂版（2006）より抜粋して作成

選んでしまうと、せっかくの散布が無駄になってしまう。

周辺の雑草、菜園、育苗施設が温床に

アザミウマの寄主範囲は非常に広い。イネ、イモ類、マメ類、野菜類はもとより、果樹、チャなどの特用作物、花き類や樹木類などにも発生する。『農林有害動物・昆虫名鑑増補改訂版（二〇〇六）』によると、アザミウマが被害を及ぼす農作物は、ミナミキイロでは四〇種、ネギアザミウマでは四四種、ミカンキイロでは六六種、ヒラズハナでは八二種、チャノキイロでは六七種に及ぶ（表序-1）。さらに、多くの雑草にも発生する。つまり、自分の畑や施設の周辺に存在する雑草地、家庭菜園、緑地などはアザミウマの温床であり、発生源である。多くのアザミウマが、周辺から知らない間に自分の畑や施設に飛来している。

また、育苗施設では、同一の施設内で多種類の野菜苗や花苗、苗木などが育苗されている。これらの苗にもアザミウマが発生する。育苗施設は閉鎖環境であり、加温機などの設備が導入されていて冬でも暖かい。アザミウマがいくつかの苗を渡り歩きながら、一年を通して発生することがある。アザミウマが付着したままの苗を自分の畑や施設に移植し、発生を広げてしまうこともある。

連作・混作で薬剤抵抗性が発達

自分の畑や施設で、作物を連作または混作するときは注意が必要である。アザミウマが好む作物を連作すると、アザミウマが連続して発生する。また、アザミウマが好む作物の混作も同様で、アザミウマが作物間を行き来し、一方の作物の栽培が終了しても、もう一方の作物で生き残る。たとえばミナミキイロでは、ナス科作物やウリ科作物の連作や混作で発生が多くなる。

また、連作や混作を続けることで、アザミウマが農薬に強くなることがある。

農薬は、使用基準により作物ごとの総使用回数が決まっている。たとえば、ミナミキイロに対して農薬登録のあるA剤は、栽培期間中にナスでは三回、キュウリでは二回、ピーマンでは一回使用できると仮定する。同一の圃場においてナス、キュウリ、ピーマンを連作または混作した場合を考えてみよう。殺虫効果の高いA剤を選択して散布すると、結局、A剤を六回連用することになり、抵抗性がすぐに発達してしまう。連作・混作に伴う同一薬剤の連用は、薬剤抵抗性を発達させる原因となる。

I

エリート害虫・アザミウマの秘密と弱み

1．害虫のエリートたるゆえん

多くの作物を吸汁し、ウイルス病も媒介

アザミウマは多くの農作物を吸汁する。主要なアザミウマ五種による、農作物の被害の有無とその被害程度の関係を表Ⅰ-1に示した。種によって、加害する農作物やその被害程度に違いがある。また、アザミウマはウイルス病を媒介する。

アザミウマが媒介する主なウイルス病を表Ⅰ-2にまとめた。トマト黄化えそウイルス（ＴＳＷＶ、写真Ⅰ-1）、メロン黄化えそウイルス（ＭＹＳＶ）、アイリスイエロースポットウイルス（ＩＹＳＶ）など、ウイルスによって媒介するアザミウマが異なる。

驚異の発育スピードと繁殖力

アザミウマの発育スピードは速い。表Ⅰ-3に示すように、ミナミキイロの卵から成虫までの発育期間は、キュウリを餌にして二五℃で飼育すると一四日（河合　一九八五）、ミカンキイロの卵から成虫までの発育期間は、キクを餌にして二五℃で飼育すると一二日（片山　一九九七）である。種によって発育スピードは異なるが、いずれも発育スピードは速く、年間五～一二回も発生をくり返す。

また、ミナミキイロは一匹の雌成虫が生涯に六〇～九四個の卵を産み（寺本ら　一九八二、河合　一九八五）、ミカンキイロは一匹の雌成虫が生涯に一八三～二五三個の卵を産む（片山　一九九七）。この発育スピードの速さと産卵数の多さにより、最適な環境条件では爆発的に増殖する。

同じ農薬の連用ですぐに抵抗性

農薬には多くの種類がある。世界農薬工業連盟が組織する殺虫剤抵抗性対策委員会（ＩＲＡＣ）は、殺虫剤を有効成分ごとに系統分類している。

表Ⅰ-4に示すように、日本でアザミウマの防除に使用される主な殺虫剤は、カーバメート系、有機リン系、ピレスロイド系、ネオニコチノイド系、スピノシン系、アベルメクチン系、ネライストキシン類縁体、ベンゾイル尿素系など、多くの系統に分類される。ミナミキイロやミカンキイロはこれら

表Ⅰ−1　主要なアザミウマ5種による各種作物の被害の有無と程度

	作物名	ミナミキイロ	ネギアザミウマ	ミカンキイロ	ヒラズハナ	チャノキイロ
ナス科	ナス	◎	○	◎	○	
	ピーマン、トウガラシ類	◎	○	◎	◎	○
	トマト		○	◎	◎	
ウリ科	キュウリ、メロン、スイカなど	◎	○	○	○	
アブラナ科	キャベツ、ブロッコリーなど		○			
ユリ科	タマネギ、ネギ、アスパラガスなど		◎	○	○	
キク科	レタス、シュンギク、キクなど	○	○	○	○	
バラ科	イチゴ、バラ		○	◎	◎	○
アカザ科	ホウレンソウ	○	○	○	○	
マメ科	エンドウ、ソラマメなど	○	○	○	○	
ミカン科	カンキツ、ウンシュウミカンなど		○	○		◎
ブドウ科	ブドウ		○	○		◎
カキ科	カキ		○	○	○	◎
ツバキ科	チャ					◎

注）◎：被害程度大きい、○：被害あり、空欄：被害なし

写真Ⅰ−1　トマト黄化えそウイルス（TSWV）の症状

表Ⅰ-2　日本で確認されているアザミウマが媒介するウイルス

ウイルス名	発生作物	媒介アザミウマ
トマト黄化えそウイルス（TSWV）	トマト、ピーマン、ナス、ダリア、キク、ガーベラ、レタス、トルコギキョウ、シネラリア、マリーゴールド、アリストロメリア、ガーベラ、バーベナ、ニチニチソウなど	ミカンキイロ ヒラズハナ ネギアザミウマ ダイズウスイロ
スイカ灰白色斑紋ウイルス（WSMoV）	スイカ、トウガン、ニガウリ、キュウリ	ミナミキイロ
メロン黄化えそウイルス（MYSV）	メロン、キュウリ、スイカ	ミナミキイロ
インパチェンスネクロティックスポットウイルス（INSV）	シネラリア、シクラメン、トルコギキョウ	ミカンキイロ ヒラズハナ
アイリスイエロースポットウイルス（IYSV）	トルコギキョウ、アリストロメリア、タマネギ、ネギ、ニラ	ネギアザミウマ

注）奥田（2006）および櫻井（2006）を一部改変

表Ⅰ-3　25℃条件下でのミナミキイロとミカンキイロの発育　（河合 1985；片山 1997）

		ミナミキイロ	ミカンキイロ
発育期間（日）	卵	6.3	3.2
	幼虫	4.8	5.3
	蛹	3.5	3.5
	合計	13.6	12.1
雌成虫生存期間（日）		16	46
総産卵数（卵／雌）		60	249

の農薬の連用により、多くの系統の農薬に対して抵抗性を発達させた。アザミウマは発育スピードが速く、短期間で世代をくり返すため、抵抗性発達のスピードが他の害虫より速い。

微小なうえに「そっくりさん」が多い

アザミウマは微小な昆虫であり、成虫はいずれの種も図Ⅰ-1Aのような形態である。前翅と後翅とも非常に細長くて翅脈はなく、周囲は長くて柔らかい毛で覆われている。

体長は種によって多少異なるが、その差はわずかである。チャノキイロの雄成虫は小さくて体長〇・七㎜、ミカンキイロとヒラズハナの雌成虫は大きくて、体長一・七㎜くらいある。種により大

表Ⅰ-4　アザミウマに対して農薬登録のある主要な農薬の系統

コード	系統（サブグループ）	主な農薬	作用機作
1A	カーバメート系	オンコル、ラービン、ランネートなど	アセチルコリンエステラーゼ阻害剤（神経作用）
1B	有機リン系	エルサン、オルトラン、ジェイエース、スミチオン、ダイアジノン、マラソンなど	
2B	フェニルピラゾール系（フィプロール系）	キラップ、プリンス	GABA作動性塩素イオンチャネルアンタゴニスト（神経作用）
3A	ピレスロイド系（ピレトリン系）	アグロスリン、アディオン、スカウト、テルスター、トレボン、マブリック、ロディーなど	ナトリウムチャネルモジュレーター（神経作用）
4A	ネオニコチノイド系	アクタラ、アドマイヤー、アルバリン、スタークル、ダントツ、バリアード、ベストガード、モスピランなど	ニコチン性アセチルコリン受容体アゴニスト（神経作用）
5	スピノシン系	スピノエース、ディアナなど	ニコチン性アセチルコリン受容体アロステリックモジュレーター（神経作用）
6	アベルメクチン系、ミルベマイシン系	アグリメック、アニキ、アファームなど	塩素イオンチャネルアクチベーター（神経および筋肉作用）
7C	ピリプロキシフェン	ラノー	幼若ホルモン類似剤（成長調節）
9C	フロニカミド	ウララ	同翅目選択的摂食阻害剤（神経作用）
12A	ジアフェンチウロン	ガンバ	ミトコンドリアATP合成酵素阻害剤（エネルギー代謝）
13	クロルフェナピル	コテツ	酸化的リン酸化脱共役剤（エネルギー代謝）
14	ネライストキシン類縁体	エビセクト、パダンなど	ニコチン性アセチルコリン受容体チャネルブロッカー（神経作用）
15	ベンゾイル尿素系	アタブロン、カスケード、マッチなど	キチン生合成阻害剤タイプ0（成長調節）
21A	METI剤	サンマイト、ハチハチなど	ミトコンドリア電子伝達系複合体Ⅰ阻害剤（エネルギー代謝）
23	テトロン酸およびテトラミン酸誘導体	モベントなど	アセチルCoAカルボキシラーゼ阻害剤（脂質合成、成長調節）
28	ジアミド系	ベネビア、プリロッソ、ベリマークなど	リアノジン受容体モジュレーター（神経および筋肉作用）
UN	ピリダリル ピリフルキナゾン	プレオ コルト	作用機構が不明あるいは不明確な剤

注）日本植物防疫協会発行の農薬作用機構分類一覧（2013）より抜粋して作成

きさの違いはあるが、一般的に、アザミウマは雄成虫より雌成虫が大きい。また、成虫の体色は黄色、淡黄色、黄褐色、茶褐色、褐色、黒褐色など多岐にわたる。ヒラズハナでは雌成虫の体色は褐色〜黒褐色であるが、雄成虫の体色は淡黄色で、雌雄で体色が全く異なる。

さらに、幼虫はいずれの種も図I-1Bのような形態で、体色は黄白色〜黄色であるため、実体顕微鏡を用いても幼虫では種が判別できない。アザミウマは「そっくりさん」だらけである。

2．とくに問題となる五種

ミナミキイロアザミウマ ——薬剤抵抗性害虫の王様

海外からの侵入種で、日本では一九七八年に宮崎県で初確認された。本州、四国、九州、沖縄に分布している。雌成虫（写真I-2、口絵六ページ）は体長一・二〜一・四㎜、体色は黄色である。雄成虫は体長〇・九〜一・〇㎜、体色は淡黄色である。翅の毛が黒く、背中でたたむと背中に黒い筋があるように見える。卵は、新芽や新葉の組織内に一卵ずつ産卵する。成幼虫は葉裏の葉脈沿い、果実の

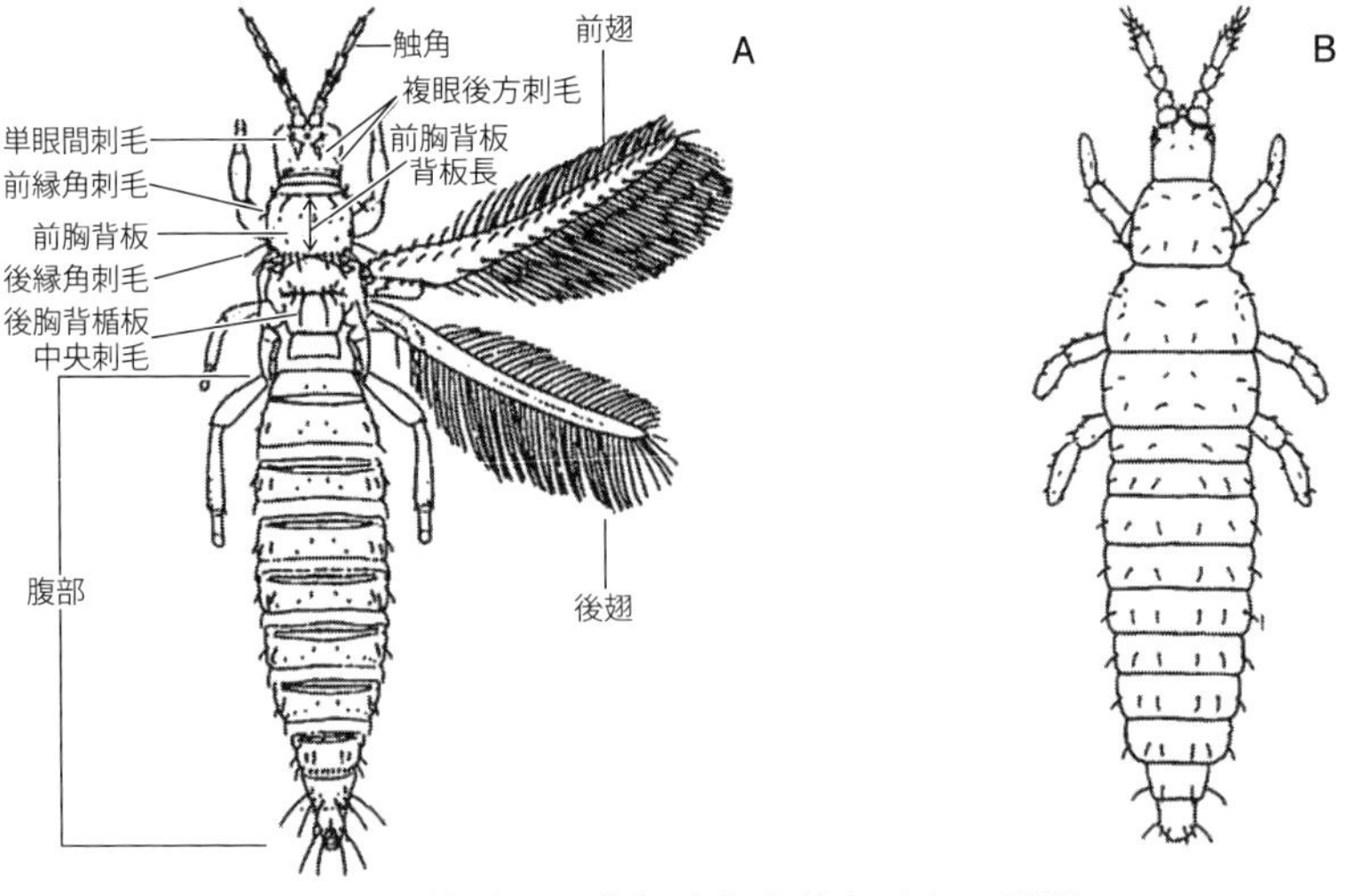

図I-1　アザミウマの成虫（A）と幼虫（B）の形態
注）成虫は千脇ら（1994）、幼虫は宮崎・工藤（1988）より作成

表面やへた周辺部を吸汁する。休眠性はない。

露地野菜では五～十月に発生し、七～八月の発生が多い。低温には弱いので、寒地の野外では越冬できない。施設野菜では周年発生し、とくに加温して栽培するメロン、ナス、ピーマンなどで多発する。トマトにはほとんど発生しない。メロン黄化えそウイルス（MYSV）や、スイカ灰白色斑紋ウイルス（WSMoV）を媒介する。多くの殺虫剤に対して抵抗性を発達させており、薬剤抵抗性害虫の王様である。

写真Ⅰ-2　ミナミキイロアザミウマ（雌成虫）

ネギアザミウマ
——IYSVを媒介、繁殖生態の異なる新系統も

在来種で北海道、本州、四国、九州、沖縄と全国に分布している。雌成虫（写真Ⅰ-3、口絵一、口絵六ページ）は体長一・一～一・六㎜、体色は夏期高温時には淡黄色～黄褐色、冬期低温時には褐色である。卵は、新芽や新葉の組織内に一卵ずつ産卵する。成幼虫は主に葉を吸汁する。休眠性はない。

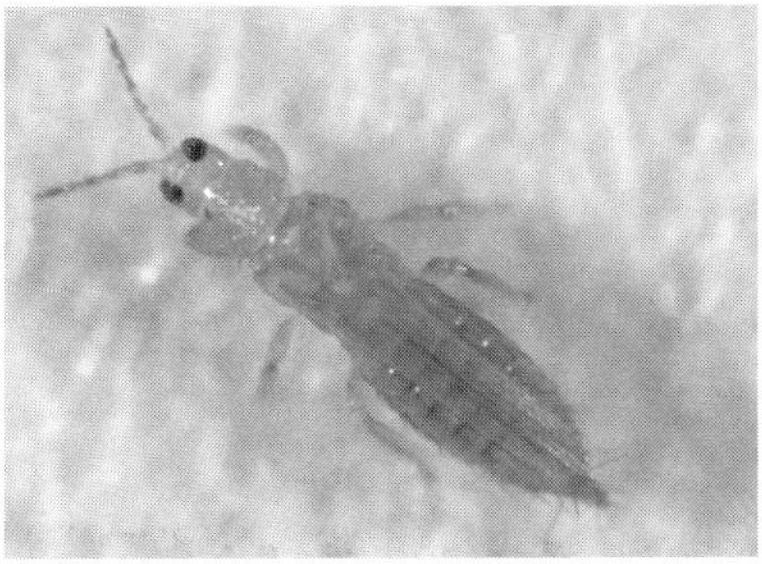

写真Ⅰ-3　ネギアザミウマ（雌成虫）

耐暑性と耐寒性があり、露地野菜では周年発生し、とくに六～九月の発生が多い。ネギやタマネギのほか、ナス科、ウリ科、アブラナ科などの野菜類、イモ類、花き類などにも発生する。アイリスイエロースポットウイルス（IYSV）を媒介する。

従来、日本では雌成虫だけで繁殖をくり返し、雄成虫を産出しない系統のみが生息すると考えられていたが、近年、雄成虫を産出する系統が国内各地で確認されている。

ミカンキイロアザミウマ
——トマトやキクでTSWVを媒介

海外からの侵入種で、日本では一九九〇年に千葉県と埼玉県で初確認された。北海道、本州、四国、九州に分布

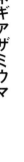

写真Ⅰ-4　ミカンキイロアザミウマ（雌成虫）

写真Ⅰ-5　ヒラズハナアザミウマ（雌成虫）

している。雌成虫（写真Ⅰ-4、口絵六ページ）は体長一・四〜一・七㎜、体色は夏期高温時には黄土色、冬期低温期には茶褐色である。雄成虫は体長一・〇〜一・二㎜、体色は淡黄色である。卵は、新芽や新葉、花弁、子房の組織内に一卵ずつ産卵する。成幼虫は主に花粉、花弁、新芽、新葉を吸汁する。休眠性はない。

耐暑性と耐寒性があり、露地野菜では周年発生する。とくに五〜六月と九〜十月の発生が多い。トマトやキクなどで、トマト黄化えそウイルス（TSWV）を媒介する。

ヒラズハナアザミウマ
――ミカンキイロ同様の深刻な被害

在来種で、北海道、本州、四国、九州、沖縄に分布している。雌成虫（写真Ⅰ-5、口絵六ページ）は体長一・三〜一・七㎜、体色は褐色〜黒褐色である。雄成虫は体長一・〇〜一・二㎜、体色は淡黄色である。卵は新芽や新葉、花弁、子房の組織内に一卵ずつ産卵する。成幼虫は花粉、花弁、新芽、新葉を吸汁する。

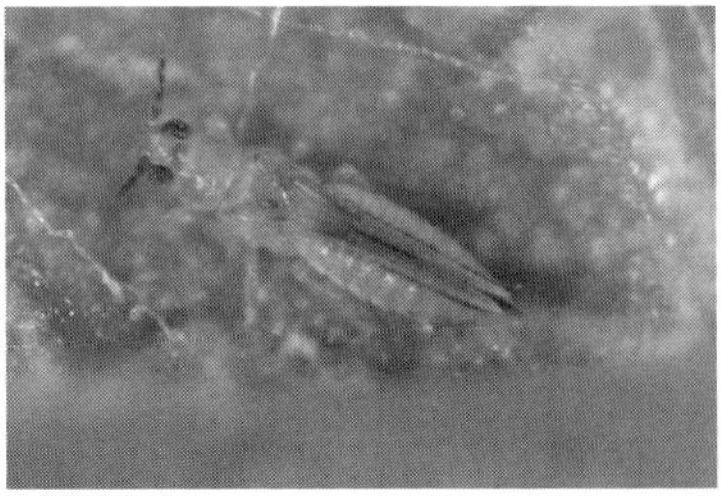
写真Ⅰ-6　チャノキイロアザミウマ（雌成虫）

露地野菜では四〜十一月に発生がみられ、とくに五〜六月と九〜十月の発生が多い。施設野菜では周年発生するが、短日条件下では雌成虫が生殖休眠（産卵休眠）するため、冬期は成虫のみで幼虫は発生しない。トマトやキクなどで、トマト黄化えそウイルス（TSWV）を媒介する。

チャノキイロアザミウマ
――ピーマンなどを加害する新系統も

在来種（YT系統）で、本州、四国、九州、沖縄に分布している。雌成虫

（写真Ⅰ－6、口絵七ページ）は体長〇・八～一・〇㎜、雄成虫は体長〇・七～〇・八㎜、体色は黄色である。翅全体が黒く、背中でたたむと背中に黒い筋があるように見える。卵は、新芽や新葉の組織内に一卵ずつ産卵される。成幼虫は新芽、新葉、果実を吸汁する。

露地作物では四～十月に発生するが、とくに七～八月の発生が多い。主にチャ、ブドウ、カンキツなどの木本類で発生し、野菜ではイチゴで発生する。近年、一部地域においてピーマンやトウガラシ類、マンゴーなどを加害する新系統（C系統）の発生が確認されており、海外から侵入した可能性がある。

コラム

害虫？　益虫？　その他のアザミウマたち

アザミウマは、日本国内では四科一五〇種以上が生息するといわれている。アザミウマの食性は、科や種によって大きく異なる。アザミウマ科の多くとクダアザミウマ科の一部は、植物を吸汁するため農業害虫であり、四四種が農業害虫として記載されている。

一方、シマアザミウマ科やクダアザミウマ科の一部は肉食性で、アリガタシマアザミウマはアザミウマ類を、アカメガシワクダアザミウマはアザミウマ類、アブラムシ類、コナジラミ類などを、ハダニアザミウマ（写真）はハダニ類を捕食する。これらの一部は、農業害虫を防除するための天敵（生物農薬）として開発されている。また、クチキクダアザミウマ、ツノオオアザミウマなどのクダアザミウマ科の多くは菌食性である。

ハダニ類を捕食するハダニアザミウマ

3. 華麗なる変身？ その一生と一年

脱皮をくり返し七変化

アザミウマは脱皮をくり返して成長する（口絵七ページ）。雌成虫は葉や花弁など植物体内に産卵する。卵から孵化した幼虫は一齢幼虫、一齢幼虫が脱皮して二齢幼虫となる。植物を吸汁して十分に発育した二齢幼虫は蛹になるためにその多くが土の中に潜る。二齢幼虫は土中で蛹化して前蛹（一齢蛹）となり、前蛹から蛹（二齢蛹）となる。蛹から羽化して成虫となり、雌成虫はすぐに植物体内に産卵を始める。

植物を吸汁するのは幼虫と成虫で、蛹には口がなく、吸汁しない。また、卵は植物体内、前蛹と蛹は土中にあるため、農薬を散布しても薬液が届かない。

季節によって体色が変わる

一部のアザミウマは、季節によって雌成虫の体色が変わる。ネギアザミウマは夏期には淡黄色～黄褐色であるが、冬期には褐色となる。また、ミカンキイロは夏期には黄土色であるが、冬期には茶褐色となる。さらに、春期や秋期には、これらの中間的な色の雌成虫が発生する。

体色の変化は温度と関係しているようで、一般的に高温時には淡色系、低温時には褐色系の色になる。この原因は不明であるが、褐色系の色は熱を吸収しやすいため、冬期低温時の発育や飛翔などに有利に働くためと考えられる。なお、不思議なことに、雄成虫は淡色系で、年間を通して体色がほとんど変わらない。

温暖になるほど発育は早まる

アザミウマの発育は温度の影響を受け、温暖な時期には発育が速くなる。

ミナミキイロ（河合　一九八五）とミカンキイロ（片山　一九九七）では、発育できなくなる最低温度はミナミキイロが一一・六℃、ミカンキイロが九・五℃で、この温度より高くなると、発育スピードが速くなる。

ミナミキイロの卵から成虫までの発育期間は、一五℃では五四日、二〇℃では二四日、二五℃では一四日、三〇℃では一二日と、三〇℃では一五℃のときの約四倍のスピードで発育する。また、ミカンキイロの卵から成虫までの期間は、一五℃では三四日、二〇℃では一九日、二五℃では一二日、三〇℃では九日と、三〇℃では一五℃のときの約四倍のスピードで発育する。ただし、温度が高くなりすぎると、発育は遅延または停止する。ミナミキイロでは三五℃で卵が孵化しなくなり、ミカンキイロでは三五℃で幼虫の発育が抑制される。

施設栽培では周年発生

ミナミキイロ、ネギアザミウマ、ミカンキイロは休眠しない。これらは冬期でも発育し、温度さえあれば年間を通して増殖する。加温機が導入されている施設栽培の作物では、冬期でも発生して被害を及ぼす。また、年間を通して発生すると、農薬が連用されることになり、薬剤抵抗性が急速に発達する原因となる。

一方、ヒラズハナやチャノキイロは休眠する。これらは昼の時間（日長）が短くなると、雌成虫が卵を産まなくなる。これを生殖休眠（産卵休眠）という。冬期には成虫のみが発生し、幼虫が発生することはない。

コラム

複雑で不思議な交尾・繁殖方法

アザミウマは、雌成虫が雄成虫と交尾しても、しなくても卵を産む。雌成虫が雄成虫と交尾して産卵した受精卵では、生まれてくる子どもはメス（一部はオス）になり、雌成虫が雄成虫と交尾せずに産卵した未受精卵では、生まれてくる子どもはすべてオスになる。これを産雄単為生殖という。

一方、これとは異なる繁殖様式がある。在来系統のネギアザミウマは、雌成虫が雄成虫と交尾せずに産卵した未受精卵から生まれてくる子どもがメスとなる。メスがメスを産み続けるため、オスは発生しない。これを産雌単為生殖という。

日本のネギアザミウマは産雌単為生殖が主体であったが、二〇〇五年ころから各地で雄成虫が見られるようになった（口絵一ページ）。海外のネギアザミウマは産雄単為生殖が主体であり、オスが普通に発生する。したがって、最近国内で見られるネギアザミウマの雄成虫は、海外から侵入した産雄単為生殖の系統ではないかと考えられている。

4. 意外と多い、アザミウマの弱点

アザミウマが害虫のエリートたるゆえんを紹介してきたが、そんなしぶといアザミウマにも逃れようのない弱点がある。

青または黄が好き？ 色と光にだまされる

アザミウマは色に反応する。青色や黄色に誘引されるため、誘殺用のトラップは青色や黄色を用いる。アザミウマが最も誘引される色を表Ⅰ-5にまとめた。ミナミキイロでは青緑~緑色、ミカンキイロでは青紫色、チャノキイロでは黄~緑色である。

また、アザミウマは光にも反応する。アザミウマが誘引される光を、色への反応と同じ表Ⅰ-5にまとめた。ミナミキイロでは青緑~緑色光、ネギアザミウマでは紫外光、ミカンキイロでは紫外光と緑色光、チャノキイロでは紫外光と緑色光である。アザミウマは色と同様に緑色光に誘引され、さらに紫外光にも誘引される。

やっぱり天敵にはかなわない

エリート害虫であるアザミウマには多くの天敵が存在する。アザミウマを食べる昆虫として、口絵に示したように、ヒメハナカメムシ類やカスミカメムシ類がいる。これらは口針を突き刺して、体液を吸汁する。また、アザミウマを食べるアザミウマ類や、アザミ

表Ⅰ-5　アザミウマが誘引される色と光

種類	色		光	
	色（分光反射率のピーク波長）	出典	光（分光反射率のピーク波長）	出典
ミナミキイロ	青緑～緑色（480～520nm）	芳賀ら（2014）	青緑～緑色光（500～520nm）	芳賀ら（2014）
ネギアザミウマ	–	–	紫外光（350nm）	真壁ら（2014）
ミカンキイロ	青紫色（450nm付近）	土屋ら（1995）	紫外光（355nm） 緑色光（525nm）	大谷ら（2014）
チャノキイロ	黄～緑色（540nm付近）	土屋ら（1995）	紫外光（355nm） 緑色光（525nm）	貴志ら（2014）

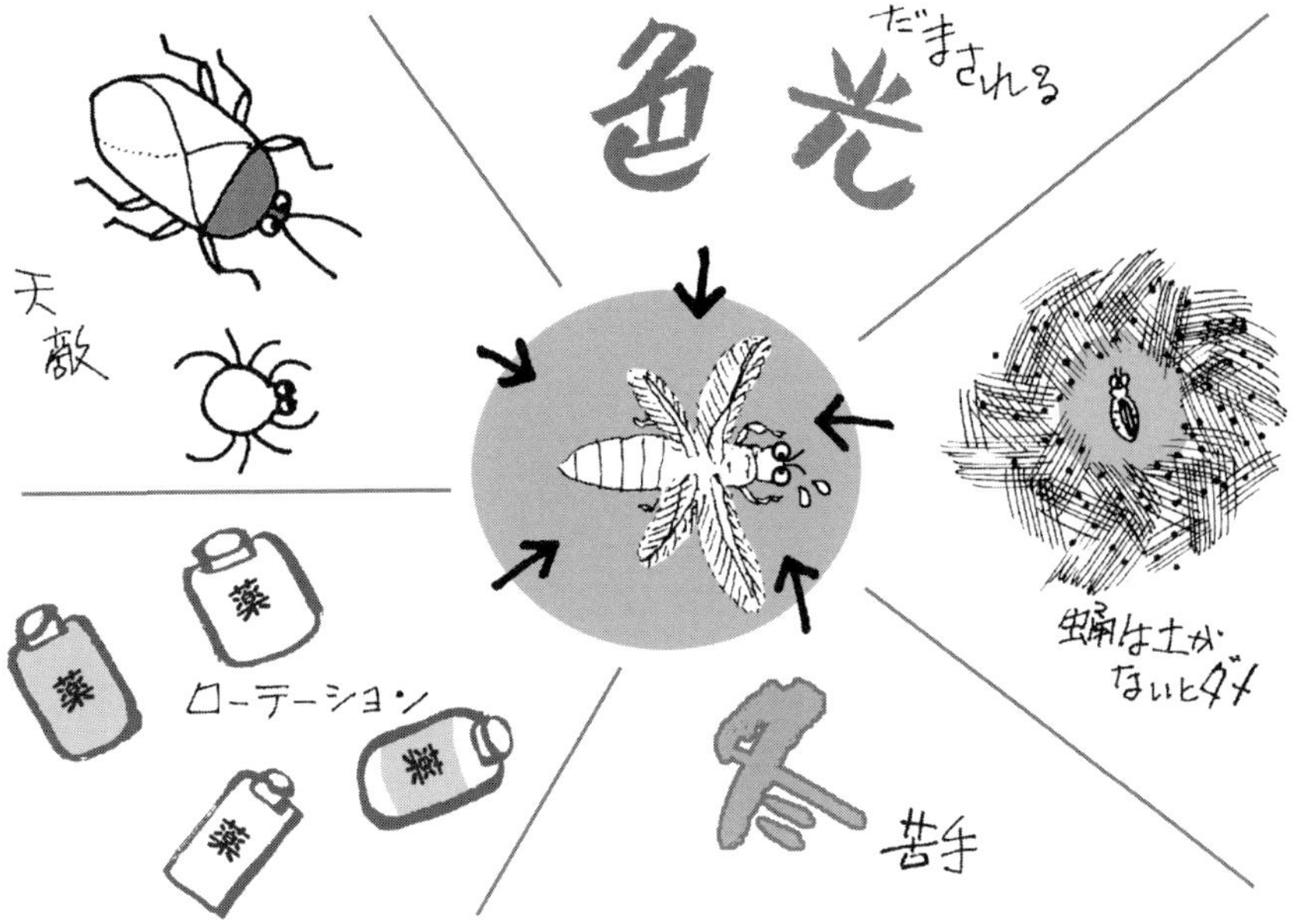

ウマを食べるダニとしてカブリダニ類がいる。これらも、口針を突き刺して体液を吸汁する。

　そのほかにも、アザミウマの体内に寄生する寄生蜂がいる。アザミウマタマゴバチは卵、アザミウマヒメコバチは幼虫に寄生する。さらに、アザミウマに感染して病気を引き起こす寄生菌として、ボーベリア菌（写真Ⅰ-7）やメタリジウム菌（写真Ⅰ-8）がある。これらの天敵を有効活用することが、アザミウマ防除の決め手になる。

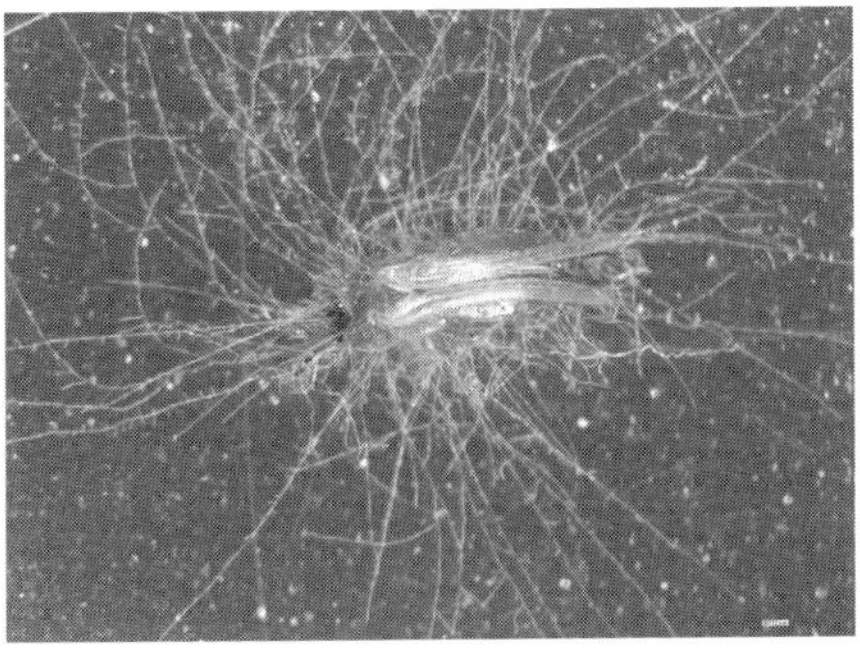

写真Ⅰ-8　寄生菌のメタリジウム菌に感染したアザミウマ（写真提供：城塚可奈子）
体表から伸びた菌糸が見える

写真Ⅰ-7　寄生菌のボーベリア菌に感染したアザミウマ
体表に白いカビが見える

農薬系統がコロコロ変われば適応できない

アザミウマには多くの農薬が登録されている。農薬は系統が異なると作用機作が異なるため、異なる系統の農薬をローテーション（輪番）で使用すれば、薬剤抵抗性の発達を遅らせることができる。発生しているアザミウマがどの系統の農薬に対して抵抗性を発達させているかを把握し、それ以外の系統をローテーションすることが重要である。まず、現在使用している農薬がどの系統に属しているのかを調べてみよう。

土に潜らないと蛹になれない

アザミウマは、蛹化するときに土に潜る性質を持つ。その理由は詳しくわかっていないが、乾燥条件では蛹の死亡率が高くなることや、蛹は歩行による移動がほとんどできないため、捕食性天敵などから身を守るためと考えられる。なお、チャノキイロなど一部のアザミウマは、葉の葉脈沿いなどの隙間などで蛹になることもある。

冬が苦手、越冬場所で一網打尽？

ミナミキイロは東南アジアからの侵入種であるため、冬の寒さに弱く、野外では越冬できない。このため、施設圃場でも、冬期に一定期間、施設を開放して寒気にさらせば、寒さでミナミキイロが死滅すると考えられていた。ところが、その常識が通用しない事実が明らかになってきた。表Ⅰ-6に示すように、施設を開放した状態にしても、施設内の雑草上ではミナミキイロが生息し、完全に死滅させることができない（田中ら 一九九二）。

そこで、逆転の発想である。施設栽培の終了後、施設内の作物残渣や雑草を完全に除去し、施設を一定期間閉め切る（写真Ⅰ-9）。施設内に残ったミナミキイロの成虫や幼虫は休眠しないため餌が必要であるが、雑草などの餌がないため餓死してしまう。また、土中の蛹も羽化して成虫となるが、同様に餓死する。冬期は、施設内の休眠しないアザミウマを死滅させるチャンスである。

表Ⅰ-6　キュウリ栽培終了後の施設（90㎡）における雑草とミナミキイロアザミウマ密度

調査日	雑草		ミナミキイロ	
	種名	総株数	生息株率（%）	虫数／10株
2月21日	オオアレチノギク	30	30	7
	ムシクサ	135	20	2
	ムラサキサギゴケ	110	10	1
	ホトケノザ	20	70	108
	ナズナ	10	30	17
	スズメノカタビラ	70	10	1
3月19日	オオアレチノギク	20	10	1
	ホトケノザ	55	20	5

注）田中ら（1992）を改変

雑草を除去

施設を閉め切る

写真Ⅰ-9　栽培終了後に雑草除去して施設内を密閉

コラム

飼育するのは意外に簡単

アザミウマの試験を実施する際には、個体数を確保する必要がある。たとえば、農薬の殺虫効果試験では一薬剤について三〇～四〇個体が必要であるため、試験する薬剤の数に応じて個体数が多くなる。したがって、試験を効率的に実施するためには、アザミウマを飼育して増殖させることが不可欠となる。

アザミウマの飼育は、村井（二〇〇二）の方法を用いれば意外に簡単だ。餌はレース鳩用のソラマメを用いる。ソラマメは流水中で発芽・発根させて皮を剥き、芽と根を除去したものを使用する。

飼育容器に通気穴を開けて、目合いの細かいメッシュを貼り付け、ソラマメ種子をティッシュペーパーなどで包んで入れる。この飼育容器にアザミウマの成虫を一〇〇個体ほど入れ、二五℃の恒温室に入れるだけだ。

成虫はソラマメ催芽種子に産卵し、孵化幼虫はソラマメ催芽種子を餌として発育する。幼虫はティッシュペーパーの隙間などで蛹化し、三週間後には次世代成虫が得られる。恒温室の湿度は四〇％前後の低めの湿度、光量は蛍光灯の光が直接当たらないようなやや暗めの光量に設定するとよい。この方法でほとんどのアザミウマは飼育できるが、チャノキイロは飼育できない。

餌にするレース鳩用ソラマメ

流水中で発芽・発根させて皮を剥き、芽と根を除去

⇩

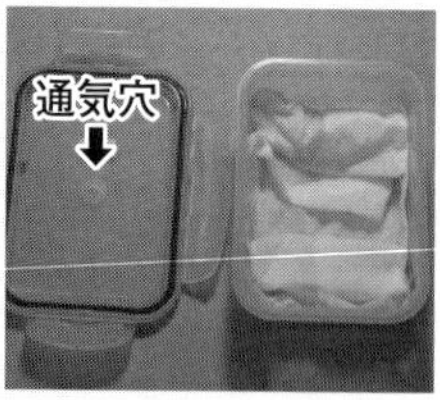

ソラマメ種子をティシュに包んで飼育容器へ

⇩

アザミウマ成虫を入れて、25℃の恒温室へ

Ⅱ かしこい防除は種類の判別から

1. 早期発見と発生予察で被害を最小限に

葉、新芽、花を探す

アザミウマを効率的に防除するためには、被害が出る前の早期発見が重要である。そのためには、アザミウマの生息場所を効率よく探す必要がある。アザミウマの成虫は種によって生息場所が異なる。ミナミキイロやネギアザミウマなどスリップス（*Thrips*）属の成虫は柔らかい植物体を好んで吸汁するので、葉や新芽を探す。チャノキイロなどスキルトスリップス（*Scirtothrips*）属の成虫も柔らかい植物体を好んで吸汁するので、葉や新芽を探す。

採集方法は以下のとおりだ。

①チャック付ポリ袋を用いて、葉や新芽ごとアザミウマ成虫を捕獲する。

②ポリ袋のチャックを閉じて持ち帰る。

③アルコール溶液でポリ袋内を洗い出し、キッチンペーパーなどでろ過した後、ルーペや拡大鏡で観察する。

また、植物ごと採取できない場合は、小筆とアルコール溶液を入れた小瓶を持っていき、アルコールを少ししみこませた筆先でアザミウマを付着させ、小瓶に移して採集する。

なお、アザミウマの幼虫は、餌の好みと関係なくいろいろな部位を吸汁する。

花を叩いてポリ袋でキャッチ

ミカンキイロやヒラズハナなどフランクリニエラ（*Frankliniella*）属の成虫は花粉を好んで吸汁するので、花を探す。

方法は以下のとおりだ。

①菜類や花き類の花にチャック付ポリ袋をかぶせ、袋内で花を数回叩き、ア

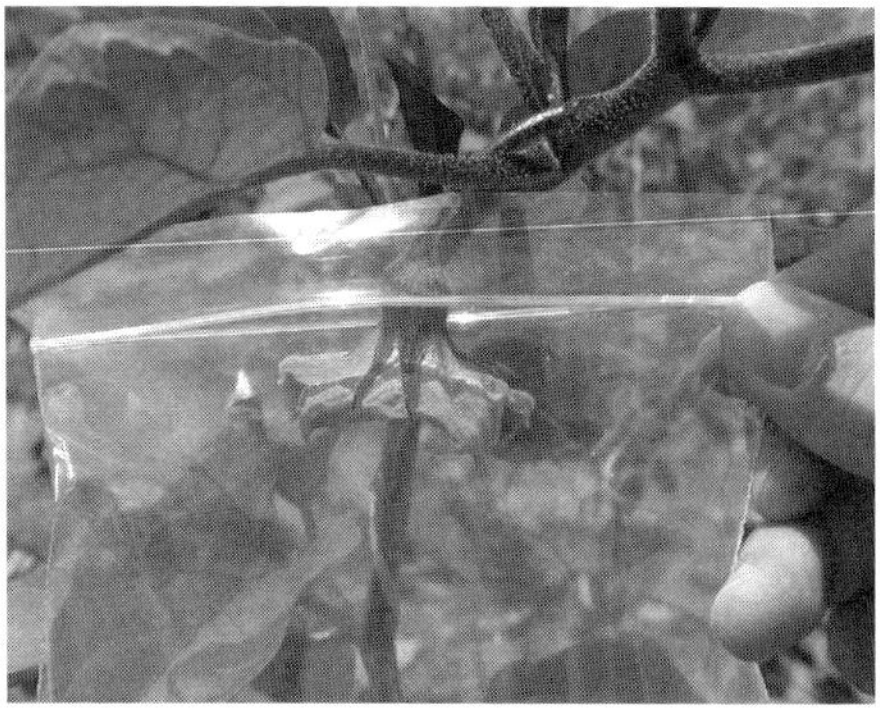

写真Ⅱ−1　チャック付ポリ袋でアザミウマ採集

平板型粘着板（黄色）

平板型粘着板（青色）

施設内に吊り下げた平板型粘着板（黄色）

写真Ⅱ−2　カラー粘着板（青色または黄色）で採集

ザミウマ成虫を袋内に落下させる（写真Ⅱ−1）。

②ポリ袋のチャックを閉じて持ち帰る。

③アルコール溶液でポリ袋内を洗い出し、キッチンペーパーなどでろ過した後、ルーペや拡大鏡で観察する。

カラー粘着板でも採集できる

アザミウマの成虫は青色と黄色に誘引される。そこで、カラー粘着板を利用する。

①青色または黄色の平板型の粘着板（写真Ⅱ−2）を、圃場内で一定期間設置する。

②粘着面を透明なラップフィルムで覆って持ち帰る。

③粘着面に捕獲されたアザミウマ成虫を、ルーペや拡大鏡で観察する。

ミナミキイロ、ネギアザミウマ、ミカンキイロ、ヒラズハナは青色、チャノキイロは黄色の粘着板によく誘引される。なお、粘着板はメーカーごとに各波長の光の反射率が異なるため、アザミウマの誘殺数が多少異なることがある。

アメダスデータで発生予測も可能

果樹やチャに被害を及ぼすチャノキイロでは、アメダスデータを用いた発生予測ができる。

これは、温度でチャノキイロの発育速度が変わることを利用した方法である。その日の気温から、アザミウマの発育に最低必要な下限の温度（発育零点）と発育可能な上限の温度を除き、その数値を一日ごとに足した値を有効積算温度といい、単位は「日度」で示される。チャノキイロの発育の下限は九・七℃、上限は三三・〇℃である（多々良　一九九四）ことから、一月一日を基点とした場合、有効積算温度が四〇〇日度前後に第一世代成虫の発生ピークとなり、以降、三〇〇日度間隔で、次世代の発生ピークがみられることが明らかになった（増井 二〇〇八）。

　この方法を利用して、日本植物防疫協会では、JPP-NET（農作物の病害虫防除に関する情報を総合的に提供する有料の情報提供サービス）で、チャノキイロの発生時期予測システムを運用している。全国各地のアメダスポイントのデータからチャノキイロの有効積算温度を算出し、世代ごとの発生ピーク時期を予測して防除適期の決定に利用できる。

2. アザミウマの正体はこう見分ける

発生の有無、症状をチェック

　アザミウマの発生が確認されたら、次はその正体を見分ける。アザミウマの成虫は種によって色や形が微妙に異なるので、その形態的な特徴で種を見分ける。また、アザミウマによる作物の被害症状は、種と作物の組み合わせにより全く異なる。作物の被害症状を細かくチェックすることで、アザミウマの正体を見分けることができる。それぞれについて、詳しく見てみよう。

ルーペか拡大鏡で虫の色や形を見てみる

　アザミウマ成虫を葉、新芽、花を探して捕獲した場合、花を叩いてポリ袋でキャッチした場合、カラー粘着板で採集した場合、まずは二〇倍程度のルーペか拡大鏡で確認する。

　前述のように、アザミウマは成虫が図Ⅰ-1A、幼虫が図Ⅰ-1Bのような形態である。まず、成虫のメスとオスを区別するため、腹部の先の部分を観察する。図Ⅱ-1に示すように、雌成虫には産卵管があり、腹部全体が太く、腹部先端が尖っているのに対し、雄成虫には産卵管がなく、腹部全体が細長く、赤〜橙色のU字型をした精巣が透けて見える。雌成虫では、観察により種をある程度見分けることができる。そのポイントは次のとおりである。

①雌成虫の体長を比較する。ミカンキイロやヒラズハナは一・三〜一・七㎜と大きく、チャノキイロは〇・八〜一・〇㎜と小さい。

②雌成虫の体色を比較する。ミナミキイロやチャノキイロは強い黄色であるが、ヒラズハナは褐色～黒褐色である。

③雌成虫の翅の色を比較する。チャノキイロは翅全体が、ミナミキイロは翅の毛が黒いため、翅をたたんだときに、合わせ目が背中の黒い筋として見える。

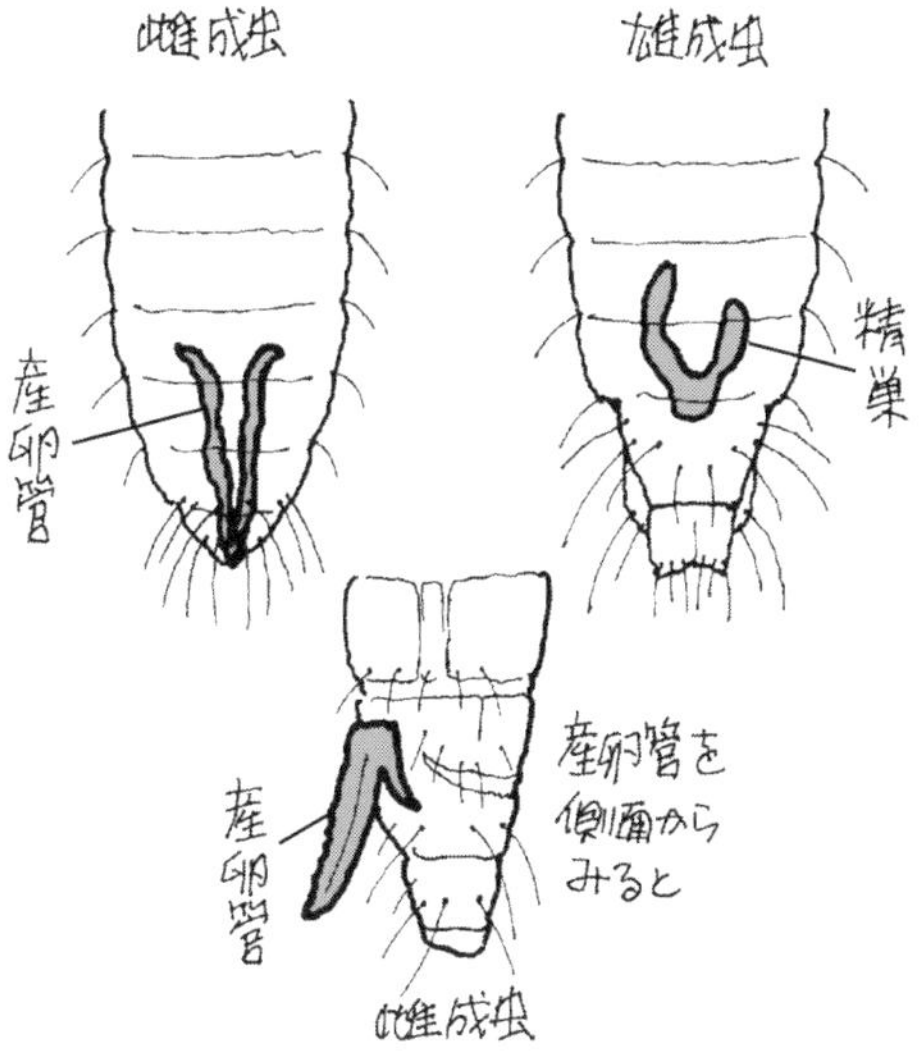

図Ⅱ－1　アザミウマの雌と雄の見分け方
（永井 1994を改変）

写真Ⅱ－3　葉脈沿いの白斑（例：ナス）

診断フローチャートで簡易診断

作物の被害症状を細かく確認することで、アザミウマの種を見分けることができる。その際、後述するⅣの品目マニュアルに収めた、作物ごとの診断フローチャートを利用する。

たとえばナス（七三ページ図Ⅳ－1）の場合、アザミウマの種によって葉の被害症状が異なる。

葉表の葉脈沿いに白斑が生じ、しだいに葉裏の葉脈沿いにも白斑が生じる場合はネギアザミウマ、葉表と葉裏の葉脈沿いに白斑（写真Ⅱ－3）が生じ、し

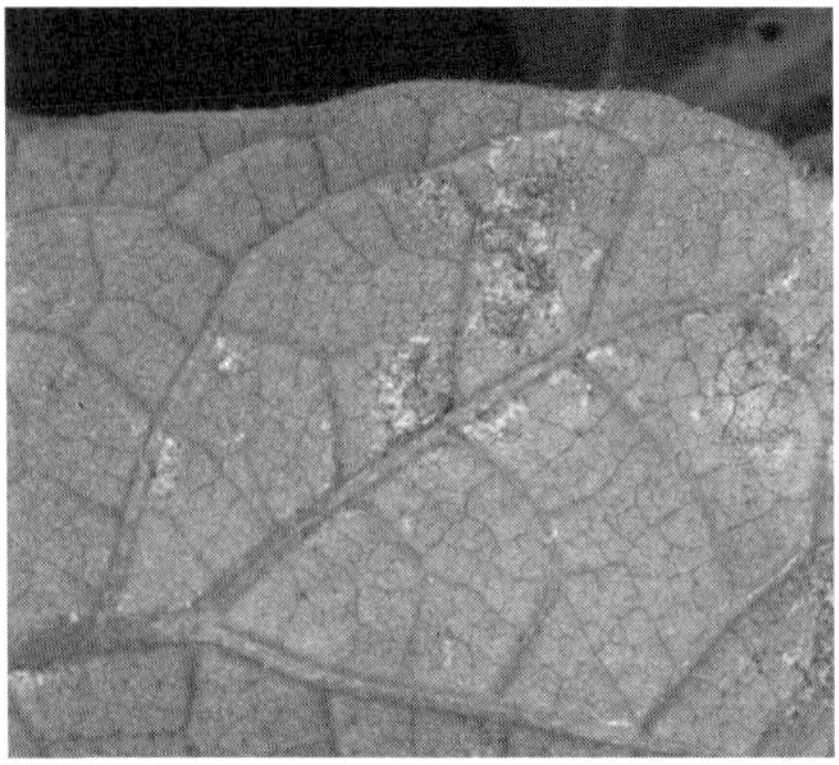

写真Ⅱ-4　葉脈間の白斑（例：ナス）

写真Ⅱ-5　葉裏全体のシルバリング（例：ナス）

写真Ⅱ-6　がく下の果面の褐変（例：ナス）

写真Ⅱ-7　果面に茶褐色の縦筋状の傷（例：ナス、Ⅱ－6が進んだ状態）

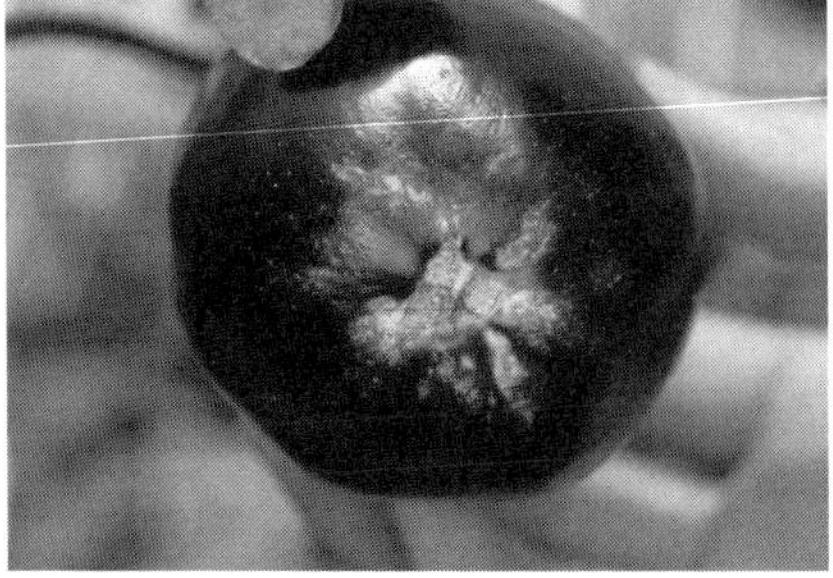

写真Ⅱ-8　果頂部の円形脱色斑（例：水ナス）

写真Ⅱ-9　果頂部全体が着色不良に（例：水ナス、Ⅱ－8が進んだ状態）

だいに葉の奇形や葉裏が広範囲に銀白色に光る場合はミナミキイロ、葉裏の葉脈間に白斑（写真Ⅱ-4）が生じ、しだいに葉裏全体がシルバリングとなる場合（写真Ⅱ-5）はミカンキイロである。

さらに、果実では、がく下の果面に褐変が生じ（写真Ⅱ-6）、しだいに果面に茶褐色の縦筋状の傷（写真Ⅱ-7）となる場合はミナミキイロ、品種水ナスでは果頂部に円形脱色斑（写真Ⅱ-8）が生じ、しだいに果頂部全体が着色不良（写真Ⅱ-9）になる場合はミカンキイロである。

口絵二～五ページもあわせてご覧ください。

実体顕微鏡があれば、より正確な診断も

ルーペや拡大鏡による観察、診断フローチャートによる簡易診断では、ア

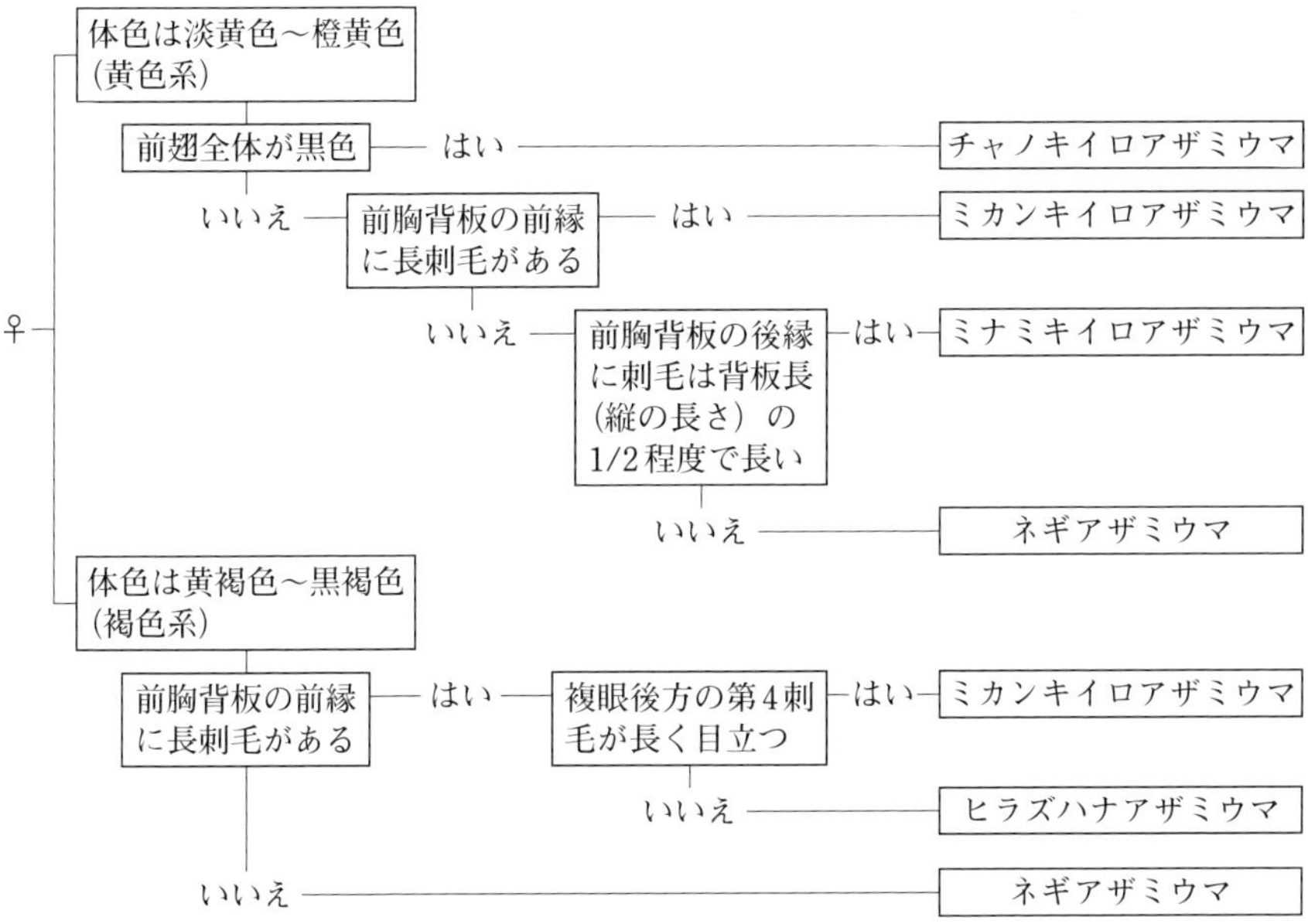

図Ⅱ-2　アザミウマ雌成虫の同定診断フローチャート（千脇ら 1994を改変）

ザミウマの種をある程度見分けることはできるものの、正確な診断は難しい。そこで、実体顕微鏡（五〇～一〇〇倍程度）を用いた簡易同定法により、アザミウマの種を診断する（千脇ら一九九四）。

主要なアザミウマ五種の、雌成虫の形態に基づく同定診断フローチャートは図Ⅱ-2のとおりである。なお、アザミウマの種類を同定するのに雌成虫を用いるのは、特徴が見分けやすいからである（コラム参照）。

ただし、主要五種以外に、ダイズウスイロアザミウマ、ハナアザミウマ、ダイズアザミウマ、ビワハナアザミウマ、クロゲハナアザミウマ、キイロハナアザミウマ、クサキイロアザミウマ、マメハナアザミウマ、イネアザミウマ、コスモスアザミウマなどが発生している場合には、種の診断ができない。この場合は、必要に応じてプレパ

コラム

雌成虫で見分けるわけ

種を同定するときには雄成虫ではなく、雌成虫を用いるほうがよい。その理由は以下による。

①体のサイズは雌成虫が雄成虫より大きく、体長や体色など形態的特徴を確認しやすい。とくに、種を正確に同定するためには実体顕微鏡下で刺毛の位置を確認する必要があり、体の大きな雌成虫は取り扱いやすく、確認しやすい。

②体色は種を同定する材料であるが、雌成虫の体色は種によって淡黄色～黒褐色と異なり、特徴がみられる。一方、雄成虫の体色はほとんどが淡黄色～橙黄色といった黄色系で、特徴がみられない。

③アザミウマは種によって産雌単為生殖で繁殖するため、雄成虫が発生しない種がある。ネギアザミウマは最近、日本でも雄成虫が発生する産雄単為生殖系統が存在しているが、かつては産雌単為生殖系統のみで、雄成虫の発生がみられなかった。

ラート標本を作製して、前述の簡易同定法により診断し、触角の配色なども確認する。なお、アザミウマの幼虫は、実体顕微鏡を用いても種の診断が困難である。

専門家に相談するのも大事

詳しくアザミウマの正体を知りたいときには、都道府県にある病害虫防除所や、農業試験研究機関の専門家に相談する。アザミウマ成虫を入れたアルコール小瓶、またはアザミウマ成虫が誘殺されたカラー粘着板を持参すれば、実体顕微鏡を用いて種を診断することができる。診断が難しいアザミウマの幼虫であっても、最近では遺伝子で診断することができる。

遺伝子による方法は、アザミウマの幼虫をすり潰して遺伝子を取り出し、機械で遺伝子を増幅して遺伝子の断片の長さを比較、または遺伝子を制限酵素で切断して遺伝子の断片の個数を比較することで、種を診断する方法である。一定の処理時間を要するが、一日程度で診断できる。

3. 加害種の性質に合った防除法を

品目―作型―加害種のセットで考える

アザミウマの種を診断することができれば、次はその種の特性に合った防除法を考える。その際、農作物の品目―作型―加害種をセットで考えることが重要だ。

たとえば、農薬の殺虫効果はアザミウマの種によって異なることがあるため、アザミウマの種を診断し、農作物の品目ごとに登録されている農薬から、有効な農薬を選定する必要がある。また、アザミウマの発生時期や発生ピークは、種によって多少異なる。同じ農作物の品目でも、施設栽培や露地栽培など作型が異なれば栽培時期が異なり、被害が出る時期が異なる。防除適期の把握には、農作物の作型と加害種の関係が重要だ。さらに、天敵など農薬以外の防除資材を利用する場合にも、農作物の品目や作型によって防除効果が異なる場合があるので注意が必要だ。

圃場管理は基本中の基本

アザミウマに限らず、害虫による被害を抑制するためには、害虫が発生しない圃場環境を整えることが大切である。

自分の露地圃場、施設圃場、育苗施設の環境などを考えてみよう。アザミウマの発生源となる雑草はないだろうか、栽培終了後にはアザミウマが付着している残渣は処分されているだろうか、育苗施設に保管されている苗にアザミウマが発生していないだろうか、一定の休耕期間を設けて、圃場内のアザミウマを根絶できているだろうか。アザミウマの被害を防ぐためには圃場管理は基本中の基本である。

農薬と防除資材をかしこく選ぶ

アザミウマを防除するためには、農薬をかしこく選ぶ必要がある。アザミウマの有効薬剤は種によって異なるためだ。薬剤抵抗性をこれ以上発達させないためにも、異なる系統の農薬のローテーション散布が有効である。また、農薬以外の防除資材をかしこく選ぶことも必要だ。

アザミウマは薬剤抵抗性を発達させているため、薬剤のみで完全に防除することは難しい。防虫ネットやマルチなどの物理的防除資材、捕食性天敵や天敵微生物などの生物農薬の力も借りて、効率的に防除しよう。

ウイルス病が出たら天敵は使えない

毎年、圃場でアザミウマが媒介するウイルス病が蔓延する場合には注意が必要だ。ウイルスを保毒するアザミウマが圃場に一頭いるだけでも、ウイルス病が広がることがある。毎年、ウイルス病が蔓延する圃場では、徹底的な圃場管理と薬剤防除を行ない、ウイルスを持つ保毒虫を根絶させる必要がある。捕食性天敵や天敵微生物は効果の発現がやや遅効的であるため、天敵だけではウイルス病の蔓延を防止できないことが多い。

Ⅲ　これならできる！　徹底防除のワザ

1. 圃場管理で「出さない」、「増やさない」、「広げない」

圃場管理は、アザミウマ防除の基本中の基本である。圃場管理による防除法を「耕種的防除法」という。圃場管理を徹底することで、アザミウマを、圃場で「出さない」、「増やさない」、「広げない」ようにしよう。

輪作の工夫で個体数を減らす

アザミウマは、種によって好きな作物（発生しやすい作物）と嫌いな作物（ほとんど発生しない作物）がある（前出表Ⅰ－1）。好きな作物を連作するとアザミウマが増えてしまう。

たとえば、ミナミキイロはナス科やウリ科の作物が大好きなので、ナス、キュウリ、ピーマンなどを連作すると発生は多くなる。反対に、ミナミキイロが嫌いなアブラナ科のキャベツやハクサイ、ユリ科のネギやタマネギなどの作物を輪作すると、発生は少なくなる。アザミウマを増やさない圃場の輪作体系が重要だ。

除草で発生源をなくす

圃場の内部または周辺で生える雑草はアザミウマの生息地であり、発生源である。また、ウイルス病の伝染源でもある。

雑草のシロツメクサ（写真Ⅲ－1）と露地ナスの開花数と、そこに生息するミカンキイロの成虫数を調査したところ、六月では開花数と一花当たり成虫数ともにナスよりシロツメクサで多く、七月では一花当たり成虫数はシロツメクサとナスで同等だが、開花数はシロツメクサよりナスで多くなっていた。つまり、ミカンキイロは六月から七月に雑草のシロツメクサから露地ナスへ移動していた（根来・柴尾 一九九八：図Ⅲ－1）。

したがって、播種や定植の前には圃場内部または周辺の雑草を除草し、アザミウマの発生源を除去する必要があ

写真Ⅲ－1　アザミウマの発生源となる雑草シロツメクサ

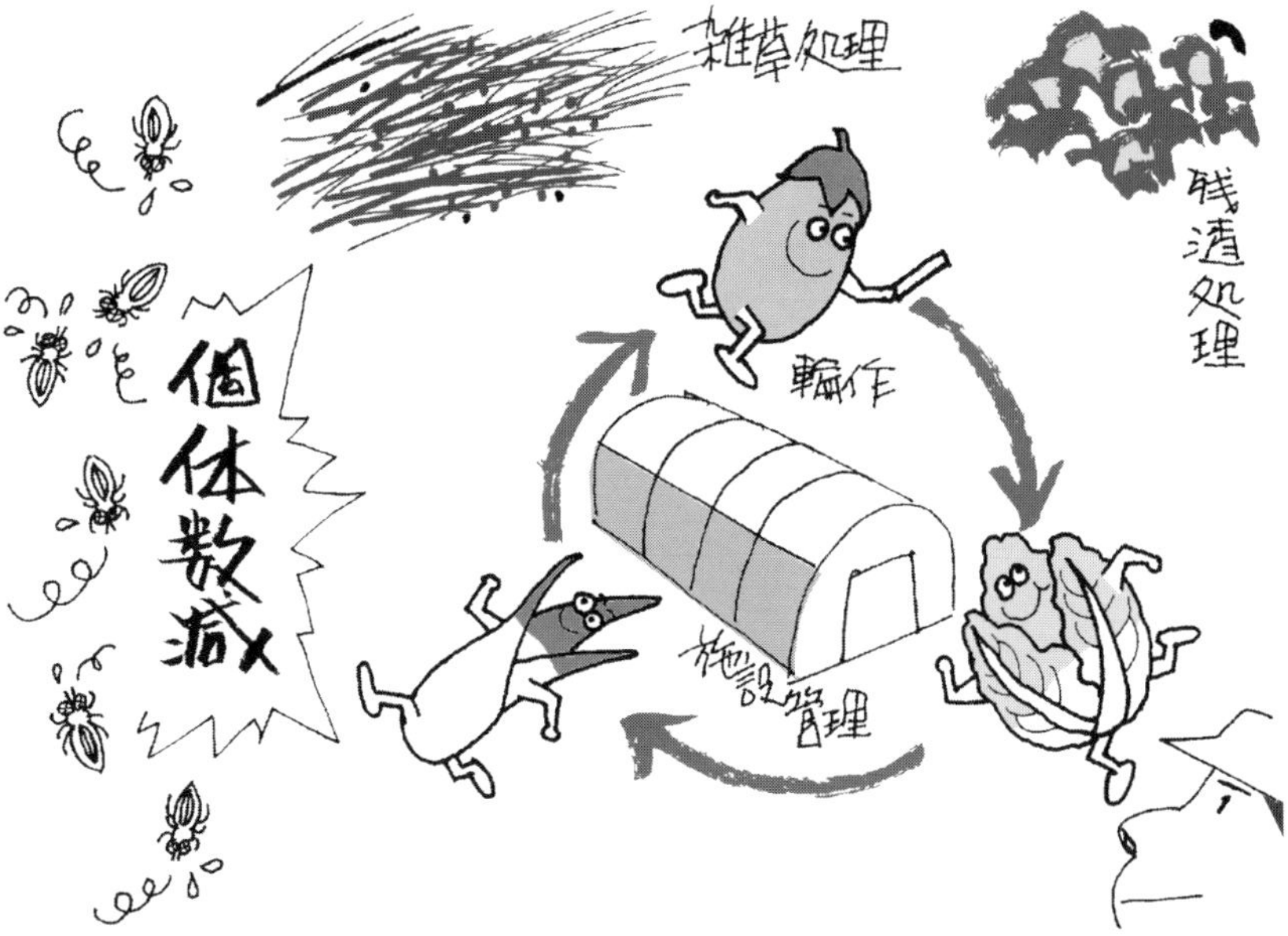

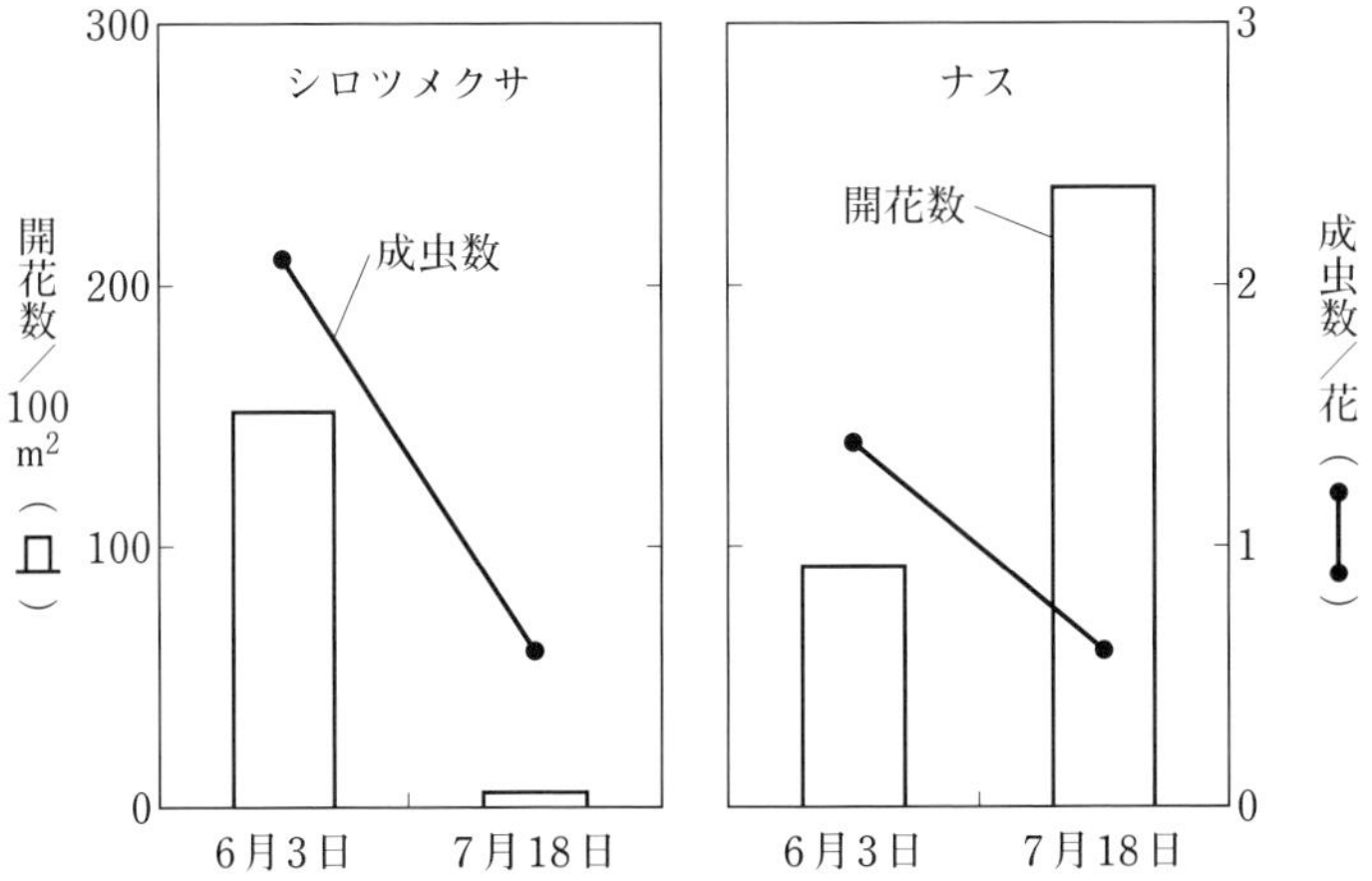

図Ⅲ-1　シロツメクサとナスにおける開花数とミカンキイロアザミウマ成虫数の推移
（根来・柴尾 1998を改変）

る。その際、播種または定植の二週間くらい前に除草することがポイントだ。農作物の栽培期間中に除草してしまうと、アザミウマの生息場所を除去することになり、アザミウマが餌を求めて農作物のほうに移動し、逆に発生が多くなってしまう。また、雑草はアザミウマの越冬場所である。冬期に越冬場所をなくせば、翌春の発生を少なくすることができる。アザミウマを増やさない除草管理が重要だ。

育苗施設の管理で苗からの持ち込みを防ぐ

育苗施設は、同一施設内で多種類の野菜苗や花苗、苗木などが育苗されているので、アザミウマの温床になっている。アザミウマが付着した苗をそのまま圃場に定植すると、アザミウマを持ち込むことになり、発生を広げてしまう。

コラム

定期的な休耕は効果がある

アザミウマの発生を根絶させる最も確実な方法は、「休耕」である。年一回、一カ月程度、圃場内で農作物を栽培せず、また雑草などのアザミウマ餌植物がない状態にすれば、アザミウマは根絶する。逆に、多くの種類の野菜や花、花木などを、複数の露地圃場や施設圃場で周年栽培するのは最悪だ。それぞれの圃場で輪作、除草、残渣処分、農薬散布などを徹底しても、アザミウマがどこかで生き残り、苗や被服に付着して移動したり、または成虫が飛来して発生が始まる。

出荷計画の都合ですべての圃場を同時に休耕することは難しいが、定期的な休耕と圃場管理は、アザミウマの根絶に絶大な効果がある。

管理のポイントは、育苗施設開口部の防虫ネットの展張、紫外線カットフィルムの展張、施設内の除草、不要な苗の処分、育苗終了後の施設の蒸し込み、粘着トラップの設置、天敵などの生物農薬の利用、苗への農薬の散布などが挙げられる。クリーンな苗をつくって、アザミウマを広げないようにしよう。

残渣の処分は確実に

栽培終了後の農作物、つまり残渣には、ほとんどの場合アザミウマが発生している。これをそのまま放置していると、残渣がアザミウマの発生源となる。圃場内は残渣がきれいに処分されていても、圃場の周辺やゴミ捨て場に余った苗や野良生えの株が、そのまま放置されている場合がある。これらの苗や株にもアザミウマが発生する。

収穫終了後の残渣と圃場周辺の残渣は確実に処分し、アザミウマを圃場から出さないようにしよう。

2. 有効な防除資材を使いこなす

圃場管理が徹底されたら、次は有効な防除資材を使ってアザミウマの発生を減らす。防除資材を活用した防除法を「物理的防除法」という。防除資材を使いこなして、アザミウマを効率的に防除しよう。

露地と施設の資材活用術

うね面マルチで蛹になる場所をなくす

アザミウマ二齢幼虫は、蛹になるため土の中に潜る性質がある。そこで、農作物の定植直後に圃場のうね面をフィルムでマルチし

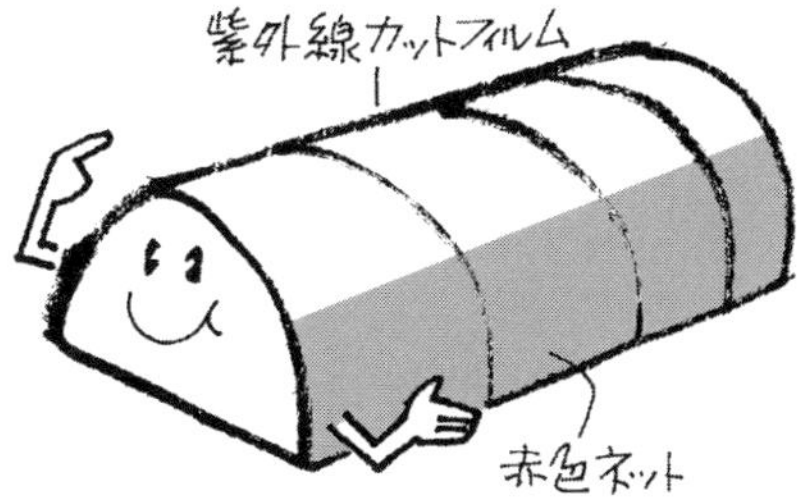

写真Ⅲ-2　うね面をマルチして蛹になる場所をなくす

写真Ⅲ-3　銀色光反射シートで上下の方向感覚を麻痺させる

て、蛹になる場所をなくす方法が有効だ（写真Ⅲ-2）。

アザミウマは、温度変化が小さく、湿度がやや高く、天敵のいない土中で蛹になることで、生存率を高めている。マルチの上では、高温や乾燥など劣悪な環境条件になり、天敵に捕食されたりして蛹が死亡する。フィルムの継ぎ目をなくしてうね面をマルチすると、より効果的である。

光反射シートを敷いて成虫の飛行攪乱

うね面をマルチするときには、白色または銀色の光反射シートを用いると防除効果が高まる（写真Ⅲ-3）。

アザミウマは、成虫が圃場外から飛来して発生が始まる。飛来する際、アザミウマは太陽光の紫外線を感知し、上下の方向感覚を保ちながら飛翔する。圃場に光反射シートを設置すると地面からも光が届き、上下の方向感覚が麻痺して地面に落ちたり、上空に飛んで行ったり、農作物に定着できなくなる。成虫が農作物に定着できないと、産卵数が少なくなり、次世代幼虫の発生も少なくなる。露地栽培のイチジクでは、銀色光反射シートのマルチと農薬散布の併用によりアザミウマ類の果実内虫数が少なくなり、被害度も低く抑えられた（辻野ら 二〇〇四：図Ⅲ-2）。

なお、農作物が生育して茎葉が繁茂すると、光を反射する面積が狭くなり、しだいに効果が低下する。そのため、果樹で活用するためには、密植ではなく、十分な植栽間隔が必要となる。また、光反射シートは太陽光を直接反射するので、作業時に目を傷めないように注意する。

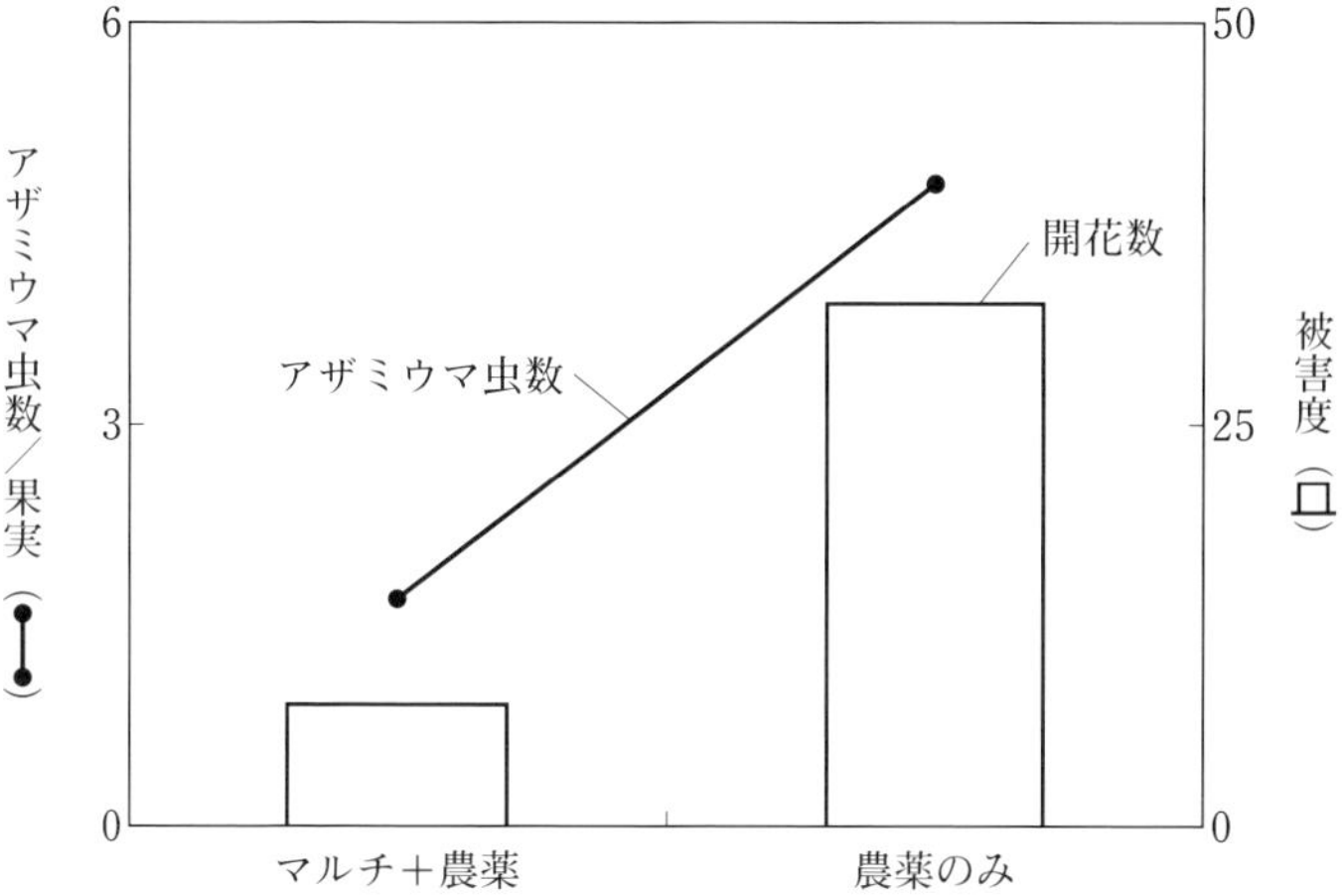

図Ⅲ-2　銀色マルチと農薬によるイチジクのアザミウマ類の防除効果
（辻野ら 2004を改変）

写真Ⅲ-4　土壌表面を被覆し，太陽熱で土中の蛹を殺虫

太陽熱とビニール一枚敷きで土中の蛹を撃退

アザミウマの蛹は、栽培終了後の土壌中に残存している。これを放置していると、羽化したアザミウマ成虫が次作の作物に飛来し、発生が始まる。そこで、栽培終了後に透明ビニールフィルムを土壌表面に敷き、太陽熱で地温を上昇させて土中の蛹を殺虫する（写真Ⅲ-4）。

大阪府内の露地圃場で、五～十一月に農業用透明ビニールフィルムで地表面を被覆した場合の、地温と気温の推移を図Ⅲ-3に示した（柴尾ら 二〇一〇）。ネギアザミウマは、四四℃の温度条件に置かれると三〇分で死亡する。図からわかるように、地下二cmの最高地温が四四℃以上になる期間は五月上旬～十月下旬であるため、太陽熱を利用した地表面フィルム処理によるネギアザミウマの防除が可能である。

施設圃場では、施設を閉め切ることで地温がさらに上昇するため、防除に利用できる期間はさらに長くなる。

収穫終了後は必ず透明ビニールを地面に被覆し、土中の蛹を殺虫しよう。

施設で有効な資材活用術

赤色防虫ネットで成虫の飛来を防ぐ

施設圃場の開口部に防虫ネットを展張すると、アザミウマの侵入を防ぐことができる（写真Ⅲ-5）。

図Ⅲ-4に示すように、白色の防虫ネットによるミカンキイロの侵入率は、無被覆に対して目合い〇・六㎜で五％、目合い〇・八㎜で一一％、目合い一・〇㎜で一二％、目合い二・〇㎜で二〇％となり、目合いが細かくなるほど侵入率は低くなる（山本ら 二〇〇〇）。ただし、ミカンキイロの雌成虫は体長一・七㎜ほどあるが、体型は紡錘形で細長いため、目合い〇・六㎜の防虫ネットを展張してもミカンキイロが頭を突っ込めば、防虫ネット内に侵入してしまう。目合いの細かいネットで被覆したからといて、安心は禁物である。

写真Ⅲ-5　施設の開口部に防虫ネットを張る

近年、赤色の防虫ネットによるアザミウマの侵入防止が注目されている（写真Ⅲ-6、口絵一ページ）。露地圃場のネギに目合い〇・八㎜の赤色ネットまたは白色ネットを被覆したところ、ネギアザミウマの生息虫数は、株当たり赤ネットが〇・六個体、白色ネットが四・一個体、無被覆が六・〇

写真Ⅲ-6　アザミウマが嫌いな赤色の防虫ネットで侵入防止

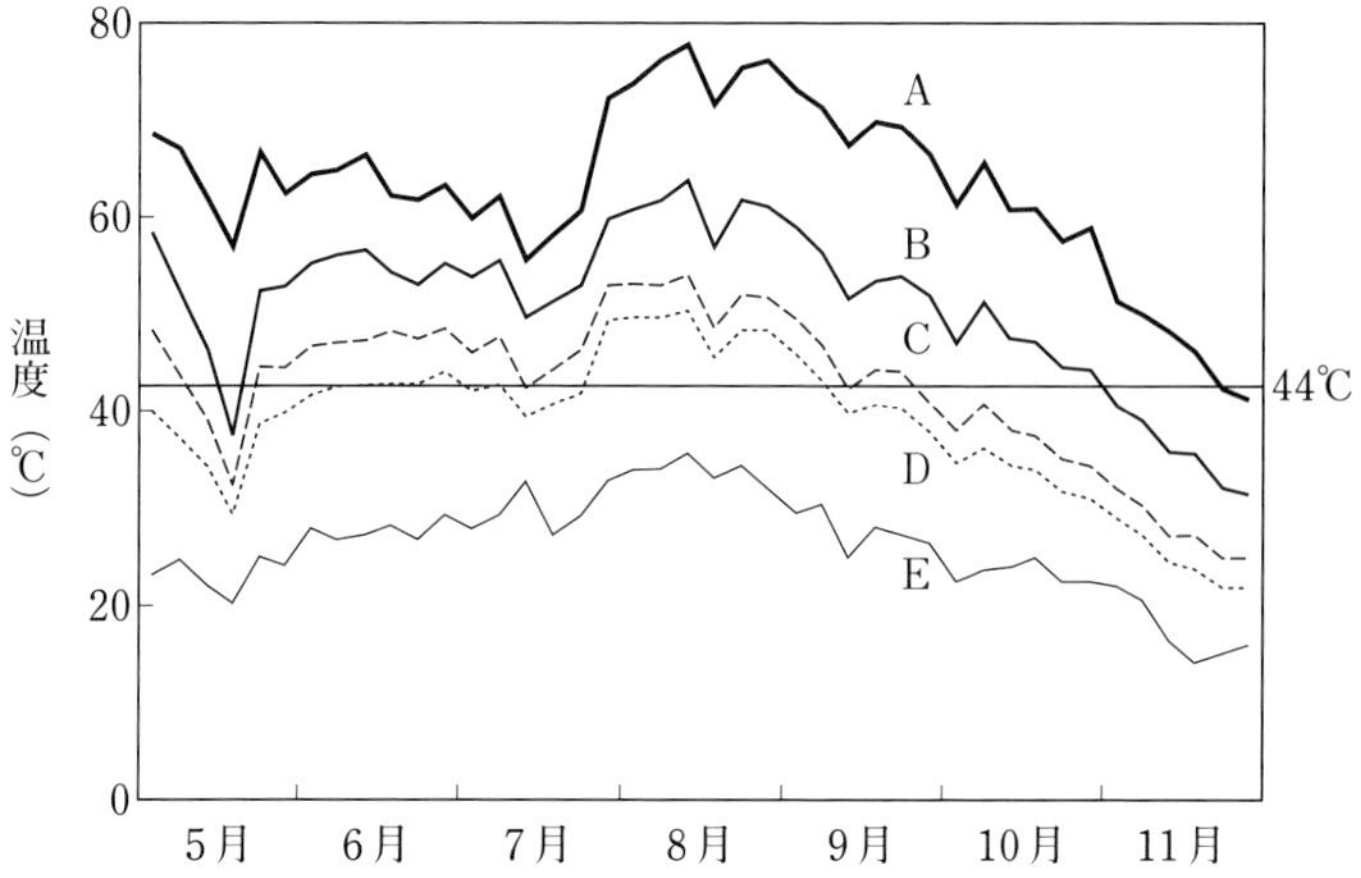

図Ⅲ-3　農業用透明ビニールフィルム被覆下の地温推移と気温推移
（柴尾ら 2010を改変）

注）各半旬ごとの最高温度
（A：土壌表面、B：地下2cm、C：地下5cm、D：地下10cm、E：気温）

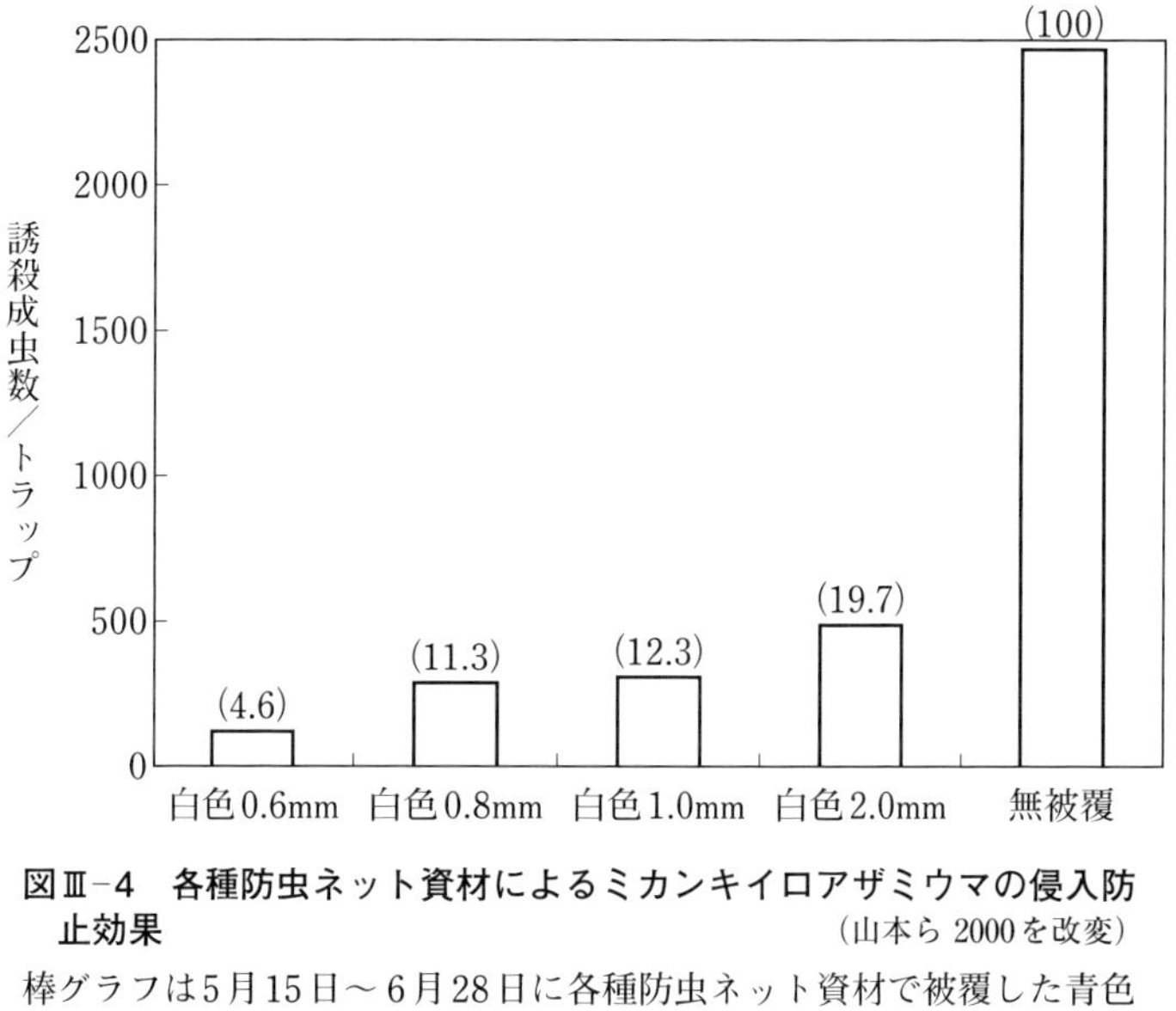

図Ⅲ-4　各種防虫ネット資材によるミカンキイロアザミウマの侵入防止効果
（山本ら 2000を改変）

棒グラフは5月15日～6月28日に各種防虫ネット資材で被覆した青色粘着トラップにおけるトラップ当たり誘殺成虫、(　) 内は侵入率（%）＝100×（各資材で被覆したトラップの誘殺成虫数／無被覆のトラップの誘殺成虫数）

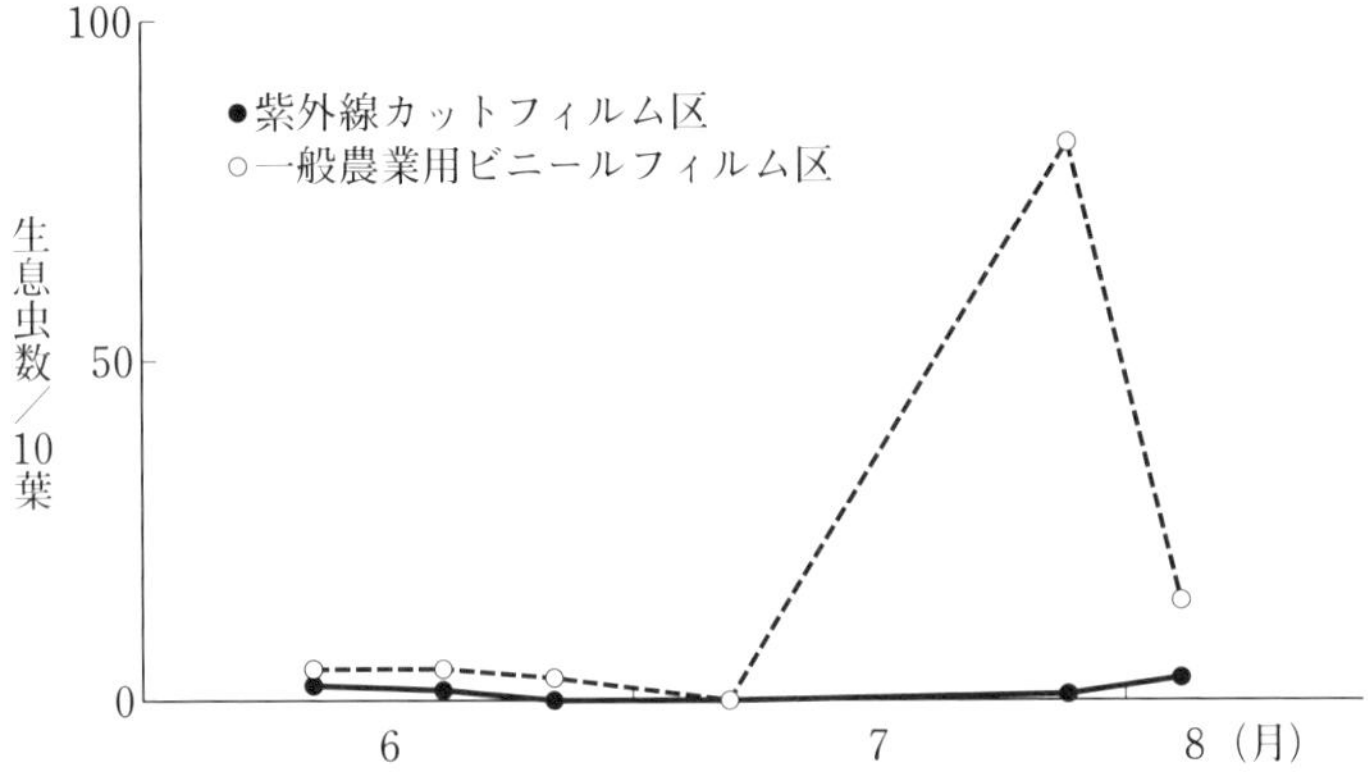

図Ⅲ-5　紫外線カットフィルムによる施設ナスのミナミキイロアザミウマの防除効果
（柴尾 2002を改変）

写真Ⅲ-7　紫外線カットフィルム（紫色）で成虫の侵入防止

個体となり、赤色ネットではネギアザミウマの発生が顕著に少なくなり、被害も抑えられた（上山ら二〇一三）。

　赤色ネットがなぜ有効なのかは今のところ不明であるが、アザミウマの視覚と関係していると考えられる。昆虫は人間と比較して見える範囲が短波長側にずれており、紫外域はよく見えるが、長波長側の赤色は見えない。赤色ネットで覆われていると、内部がよく見えず、アザミウマが農作物に寄ってこないのかもしれない。この効果はミナミキイロでも確認されているため、施設開口部の防虫ネットは赤色ネットを用いるとよい。

紫外線カットフィルムで成虫の侵入を防ぐ

　施設圃場では紫外線カットフィルム（または近紫外線除去フィルム）を被覆すると、アザミウマ成虫の侵入を防ぐことができる（写真Ⅲ-7）。

　紫外線カットフィルムは波長四〇〇nm以下の紫外光が透過しないフィルムで、施設に被覆すると、一般の農業用ビニールフィルムの被覆と比較して、ミナミキイロの発生が少なくなる（柴尾二〇〇二：図Ⅲ-5）。アザミウマは紫外光を感知して誘引される。このため、紫外光がカットされると施設内部が暗く見え、誘引されなくなるのかもしれない。同様の効果は、トマトの

写真Ⅲ－8　粘着板を吊り下げて成虫を捕殺

写真Ⅲ－9　粘着ロールシート（黄または青）で成虫大量捕殺

ヒラズハナでも確認されている。

なお、紫外線カットフィルムを被覆した施設圃場では、ナスや黒色系ブドウの果実の着色が不良になり、ミツバチやマルハナバチが飛翔しないなどの悪影響もあるため、注意が必要である。

粘着ロールシートで成虫の大量捕殺

施設圃場ですでにアザミウマが発生している場合には、内部のアザミウマを除去する必要がある。その際に有効な資材は粘着トラップである。

アザミウマ成虫は青色と黄色に誘引される性質を持ち、ミナミキイロ、ネギアザミウマ、ミカンキイロ、ヒラズハナでは青色、チャノキイロでは黄色に誘引される。そこで、これらの色の粘着板を施設内に多数吊り下げると、アザミウマ成虫を大量に捕殺できる（写真Ⅲ－8）。粘着板を吊り下げるのが面倒であれば、これらの色の粘着ロールシートを株上に設置する方法もある（写真Ⅲ－9）。雌成虫を大量に捕獲できれば産卵数が減り、次世代幼虫の発生を少なくすることができる。

太陽熱による施設の蒸し込みで殺虫

栽培終了後の施設内には作物上、雑草上、土中にアザミウマが多数残存している。このまま放置していると、施設内でアザミウマが増殖し、発生源となる。先に「太陽熱とビニール一枚敷き」による、地温をあげて土中の蛹を殺虫する方法を紹介したが、施設の開口部をすべて閉め切り、太陽熱により施設を蒸し込むことでアザミウマを殺虫する方法も有効だ。

栽培終了後の作物を地際部で切断するとともに、施設内の雑草を除草し、可能であれば農業用透明ビニールフィルムを施設内に敷いた後、施設の開口部を閉め切る。季節や天候にもよるが、夏期の晴天時であれば施設内の気温が五〇～六〇℃に達し、地温も四五℃以上に上昇する。夏期では七日程度、春期や秋期では一四日程度、冬期でも一カ月程度閉め切れば、施設内のアザミウマを全滅させることができる。

また、夏期には、施設内の作物が生育中に施設を短時間蒸し込みして、アザミウマを殺虫することもできる。四五～五〇℃の気温を二時間程度維持すれば、アザミウマの成虫や幼虫を殺虫できる。

ただし、土壌中の蛹には効果がないことや、作物によっては蒸し込みによって高温障害が発生することがあるので、注意が必要だ。

コラム

期待の新技術、赤色光照射・静電場スクリーン・炭酸ガスくん蒸

今後、実用化が期待されているアザミウマ防除の新技術は、赤色光照射、静電場スクリーン、炭酸ガスくん蒸である。

赤色光照射　赤色光を一定の照射強度で株に照射することで、ミナミキイロの発生を抑えることができる。赤色LEDを、ナス直上から照射すると（写真）、無照射のナスと比較して、二週間後のミナミキイロの株当たり生息虫数は顕著に少なくなる（柴尾・田中二〇一五：図）。なぜ少なくなるのかは今のところ解明されていないが、赤色光がアザミウマ雌成虫のナスへの定着を阻害し、産卵数が減少することで、次世代幼虫の発生が少なくなるためと考えられる。現在、赤色光の最適な波

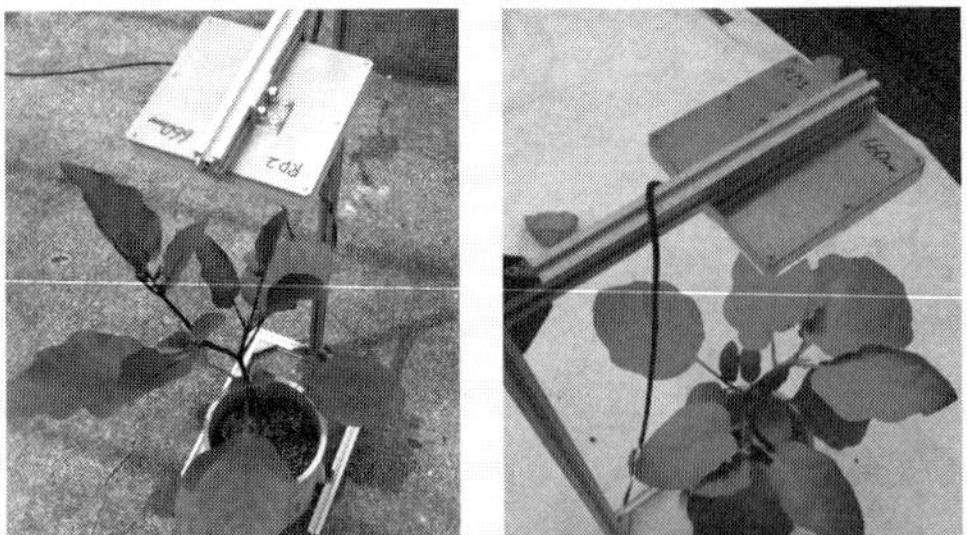

赤色光照射による防除
赤色LED（波長ピーク635nmまたは660nm）をナスの真上から20cmの距離で照射（3×10^{17}photons/m^{-2}/s^{-1}の照射強度）

長、照射強度、照射時間、照射方向などが解明されている。

静電場スクリーン　静電場スクリーン（写真）は、絶縁被覆した導線を五㎜間隔に配列し、その面と三㎜の間隔を保持して平行に、目合い一・六㎜のアース網を重ねた構造である。被覆導線側に高い直流電圧を

静電場スクリーン

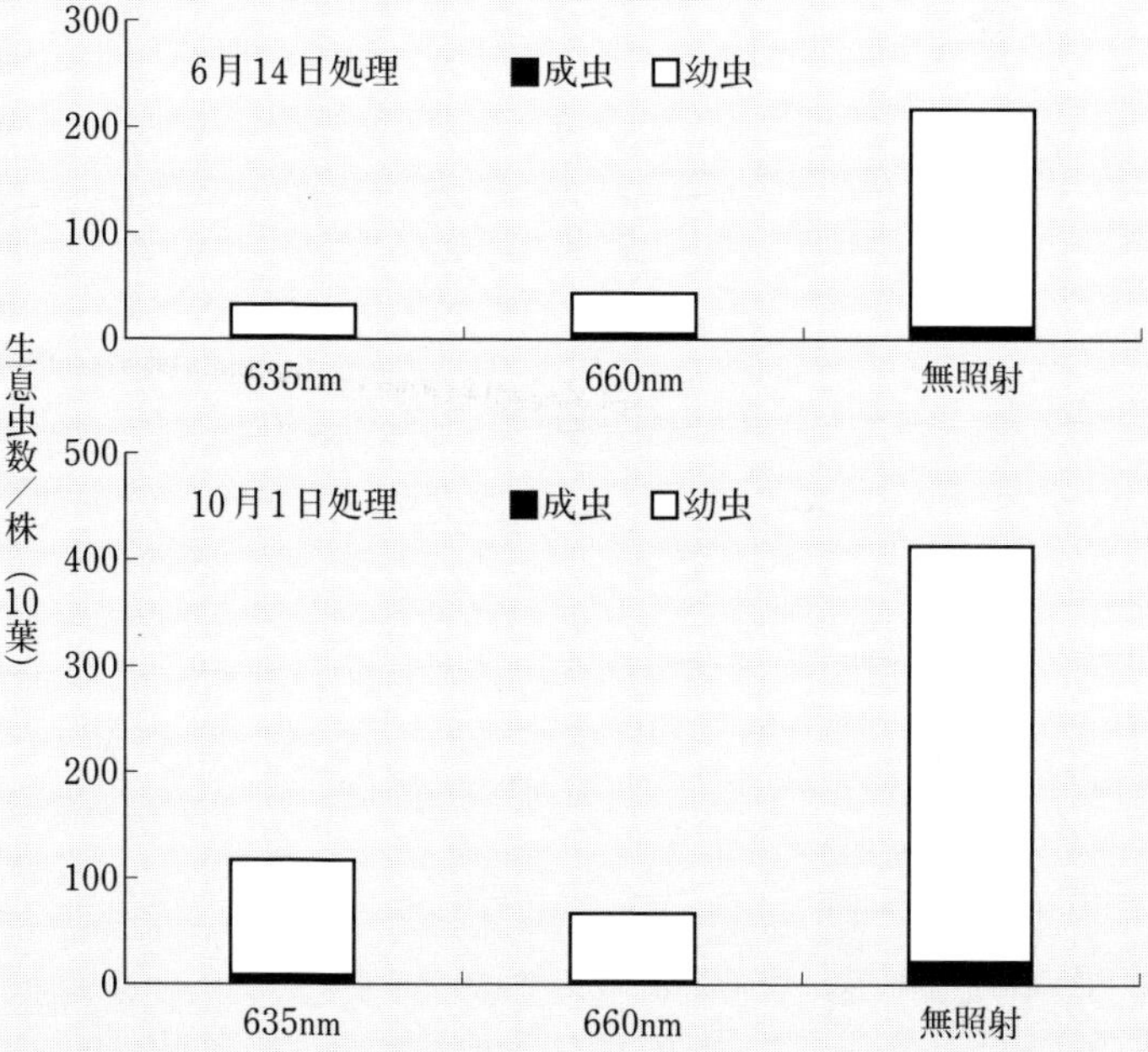

赤色LED照射によるナスのミナミキイロアザミウマの密度抑制効果
（柴尾・田中 2015を改変）

赤色LEDのピーク波長は635nmと660nm、照射強度は距離20cmで3 × 10^{17}photons/m^{-2}/s^{-1}に調整。棒グラフは処理13 〜 14日後のナス株（10葉）の生息虫数

加えることで、その表面をマイナスに帯電させ、クーロン力により微小害虫を吸着する。

静電場スクリーンまたは目合い〇・四㎜の防虫ネットを設置したケージにトマト苗を入れ、黄色粘着トラップを設置してミカンキイロの誘殺成虫数を比較したところ、侵入阻止率は静電場スクリーンが九六%、防虫ネットが九七%となり、防虫ネットと同等の侵入阻止効果がみられた（岡田ら 二〇一五）。アース網の目合いは一・六㎜であることから、通気性がよく、施設内の換気量が増加し、気温の上昇も抑制できる。今後の商品化が望まれる。

炭酸ガスくん蒸　四〇%以上の高濃度二酸化炭素を、密閉空間に充填して害虫を殺虫する方法である。ミナミキイロ、ネギアザミウマ、ミカンキイロ、ヒラズハナに対して、六〇%炭酸ガスを成虫では六～八時間、卵では八～一二時間処理すると一〇〇%の殺虫効果が得られる（Seki and Murai 二〇一二a、b）。

この炭酸ガスくん蒸を、定植直前の果菜類や花き類の苗に処理してアザミウマを殺虫することができれば、育苗施設から露地圃場や施設圃場へのアザミウマの持ち込みを防ぐことができる。すでに、高濃度炭酸ガスはイチゴのハダニ類を対象に農薬登録されており、今後、イチゴ以外の野菜・花き類への応用が期待される。

3. 農薬を使いこなす

アザミウマ防除の中心となる資材はやはり農薬である。化学合成農薬による防除法を「化学的防除法」という。殺虫効果の高い農薬を適期に散布すれば、確実に防除効果が得られる。

本当に効く農薬で発生初期に撃退

アザミウマの種によって、有効な農薬は異なる。大阪府で調査した農薬の殺虫効果（羽室・柴尾 二〇〇〇：柴

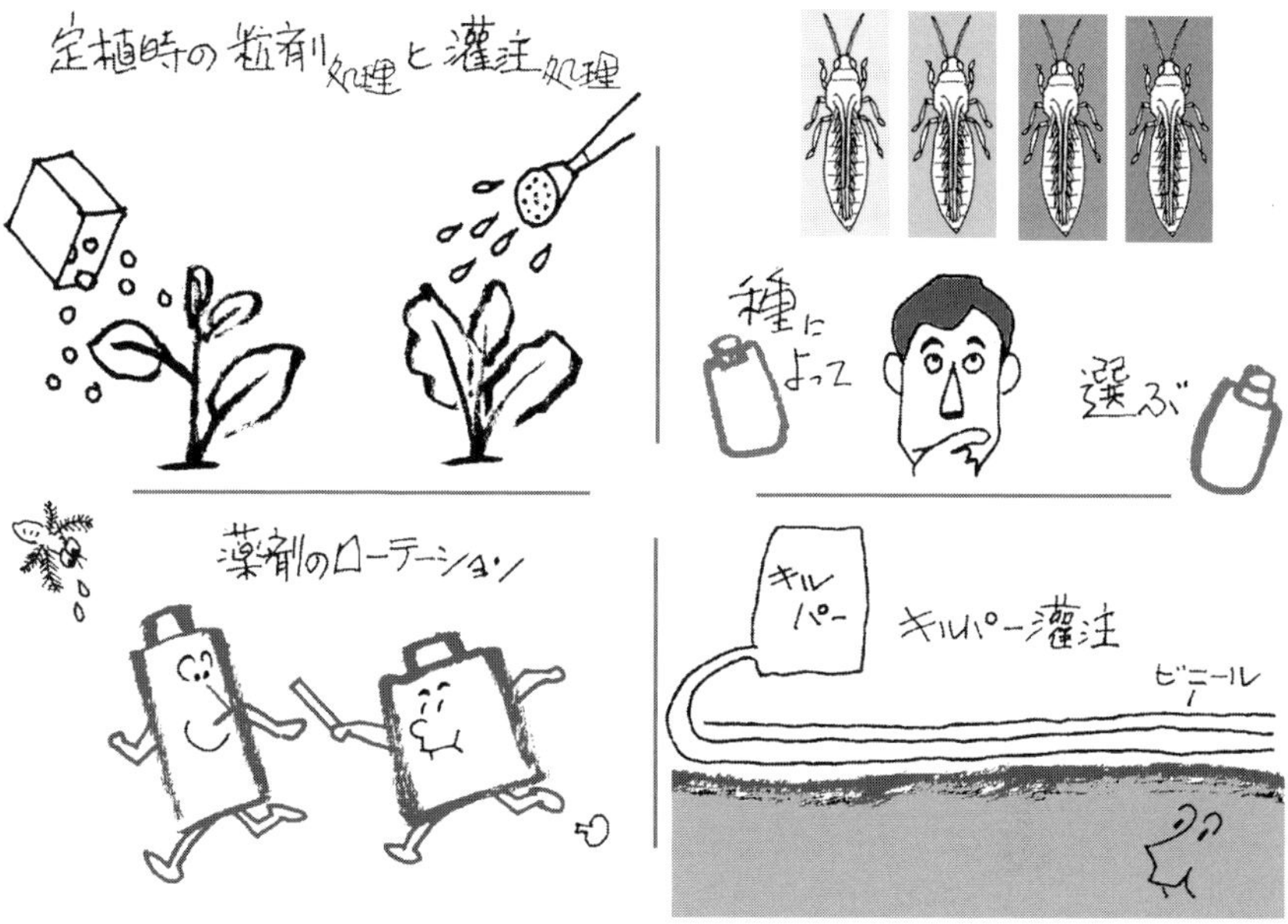

尾・田中 二〇〇三：柴尾・田中 二〇〇四：辻野ら 二〇〇五：柴尾ら 二〇〇七：柴尾・田中 二〇〇八：柴尾・田中 二〇一二：浜﨑ら 二〇一四など）を、アザミウマの種ごとに表Ⅲ－1にまとめた。試験はいずれも大阪府内で採集したアザミウマ成虫を用いて、葉片浸漬法などにより補正死亡率を求め、殺虫効果を記号で示した。

ミナミキイロでは、有機リン系、ピレスロイド系のすべての薬剤、その他の系統の一部の農薬で補正死亡率が五〇％未満となり、殺虫効果は低かった。ネオニコチノイド系の農薬については二〇〇四年の試験ではいずれも補正死亡率が九〇％以上で卓効を示したが、二〇一四年の試験では五〇％未満となり、殺虫効果が低下した。また、スピノシン系のスピノエース顆粒水和剤についても二〇〇四年の試験では補正死亡率が一〇〇％で卓効を示したが、二〇〇六年の試験では五〇％未満となり、殺虫効果が著しく低下した。

ミカンキイロでは、供試した有機リン系、ピレスロイド系、ネオニコチノイド系、その他の系統の一部の農薬で補正死亡率が五〇％未満となり、殺虫効果は低かった。とくに、ピレスロイド系とネオニコチノイド系については、ほとんどの農薬で補正死亡率が五〇％未満となった。

また、ヒラズハナではミカンキイロとほぼ同様の傾向を示し、一部のピレスロイド系とネオニコチノイド系の農

表Ⅲ-1　主要なアザミウマ5種の薬剤感受性

系統と農薬名	希釈倍数	ミナミキイロ	ネギアザミウマ	ミカンキイロ	ヒラズハナ	チャノキイロ
有機リン系						
オルトラン水和剤	1,000～1,500	×		×～◎	◎	○～◎
ダイアジノン乳剤（水和剤）	700～1,000		◎			◎
トクチオン乳剤	1,000			◎	◎	
スプラサイド乳剤（水和剤）	1,000～1,500			○～◎	◎	◎
スミチオン乳剤（水和剤）	800～1,000	×	◎			◎
カーバメート系						
マラバッサ乳剤	800～1,500	◎	◎	◎		
ランネート水和剤（DF）	1,000	×	○～◎	○～◎	◎	
ネライストキシン系						
パダンSG水溶剤	1,500	○		○～◎	○	◎
エビセクト水和剤	1,000			○～◎	◎	
ピレスロイド系						
アーデント水和剤	1,000	×		×～△		◎
トレボン乳剤	1,000	×	○～◎	×	×～△	
アグロスリン乳剤（水和剤）	1,000～2,000	×	◎	×	◎	○～◎
ハクサップ水和剤	1,000～2,000	×		×～△	◎	
アディオン乳剤（水和剤）	2,000～3,000	×	×～◎			△～◎
ネオニコチノイド系						
モスピラン水溶剤	2,000	×～◎	×～◎	×～○	△～○	◎
アドマイヤー水和剤	2,000	×～◎	◎	×	×	◎
ダントツ水溶剤	2,000	×～◎	○	×		
スタークル/アルバリン顆粒水溶剤	2,000	×～◎	△	×		
アクタラ顆粒水溶剤	2,000	×～◎	△	×		
ベストガード水溶剤	2,000	×～◎		×	×	◎
その他						
アファーム乳剤	1,000～2000	◎	○～◎	△～◎	△	
コテツフロアブル	2,000	×～○	×～◎	×～◎	○～◎	◎
スピノエース顆粒水和剤	2,500～5,000	×～◎	◎	◎	◎	◎
ハチハチ乳剤	1,000～2000	×～○	◎	△		
プレオフロアブル	1,000	×～◎	○	◎		

注）◎：補正死亡率が90％以上、○：同70～89％、△：同50～69％、×：同50％未満、空欄：調査なし

薬については補正死亡率が五〇％未満となったが、ミカンキイロと比較すると殺虫効果は高かった。

ネギアザミウマでは、ピレスロイド系のアディオン乳剤、ネオニコチノイド系のモスピラン水溶剤、その他の系統のコテツフロアブルで補正死亡率が五〇％未満となる事例が認められたが、殺虫効果は全体的に高かった。

チャノキイロでは、一部のピレスロイド系の農薬を除いて殺虫効果は高かった。

以上のように、農薬の殺虫効果はアザミウマの種によって異なるので、アザミウマの種を確認して有効薬剤を選択する必要がある。発生初期に有効薬剤を散布すれば、効果的にアザミウマを撃退できる。

定植時の粒剤処理、灌注処理も有効

浸透移行性の高い農薬は、野菜類や花き類の定植時または育苗期後半に粒剤の散布処理、または薬液の灌注処理で農薬登録されているものがある。

野菜類や花き類で使用できる主な粒剤と灌注剤を、表Ⅲ-2に示した。たとえば、ジアミド系のプリロッソ粒剤はキャベツ、キュウリ、ナス、ピーマンなどに育苗期後半～定植時の株元散布、ベリマークSCはキャベツ、キュウリ、ナス、ネギに育苗期後半～定植当日の灌注、テトロン酸およびテトラミン酸誘導体のモベントフロアブルはキュウリ、ナス、ピーマン、トマト、メロン、イチゴなどに育苗期後半の灌注で農薬登録されている。

これらの農薬は有効成分が根から吸収され、植物体内を移行して隅々にまで行きわたるため、植物の隙間に潜むアザミウマ成幼虫にも殺虫効果を発揮する。育苗期後半～定植時には粒剤の散布処理または薬液の灌注処理を行ない、苗に付着しているアザミウマを殺虫しよう。

キルパー灌注で古株枯死、蛹も全滅

キルパー（写真Ⅲ-10）は、有効成分カーバムナトリウム塩を含む薬剤である。キュウリ、トマト、ミニトマト、ピーマン、イチゴなどの収穫終了後に、圃場をビニールで農作物残渣ごと被覆し、所定量の薬液を水で希釈して、灌水チューブを用いて土壌表面に散布または灌注する。有効成分が土壌中に広がり、古株を枯死させる効果が得られるとともに、センチュウ類の蔓延を防止することができる。また、土壌中の病原菌や雑草の種子を殺すこと

表Ⅲ-2　アザミウマ類に登録のある主な粒剤および灌注剤

系統	農薬名	登録作物	主な使用方法	主な使用時期
ジアミド系	プリロッソ粒剤	キャベツ、キュウリ、トマト、ピーマン、ナス	株元散布	育苗期後半～定植時
	ベリマークSC	キャベツ、キュウリ、ナス、ネギ	灌注	育苗期後半～定植当日
テトロン酸およびテトラミン酸誘導体	モベントフロアブル	キュウリ、スイカ、メロン、トマト、ミニトマト、ピーマン、ナス、トウガラシ類、イチゴ	灌注	育苗期後半
ネオニコチノイド系	ダントツ粒剤	キャベツ、キュウリ、スイカ、メロン、ラッキョウ、ネギ、ワケギ、キク、バラ	株元散布、植穴処理土壌混和	育苗期後半、定植時
	アドマイヤー1粒剤	キュウリ、カボチャ、スイカ、メロン、ズッキーニ、ピーマン、ナス、トウガラシ類、ニラ、ネギ、ワケギ、アサツキ、パセリ、キク	株元散布、植穴または株元土壌混和	定植時
	モスピラン粒剤	ナス、ネギ、ワケギ、アサツキ、キク	植穴土壌混和、植溝土壌混和、株元散布	定植時、定植前日～定植当日、植付時、播種時
	スタークル/アルバリン粒剤	キュウリ、ウリ類（漬物用）、メロン、ナス、ピーマン、トウガラシ類、トウガラシ（葉）、ネギ	植穴土壌混和、株元散布	定植時、生育期
	ベストガード粒剤	キュウリ、スイカ、メロン、ズッキーニ、ピーマン、ナス、トウガラシ類、食用ギク、ネギ、スイゼンジナ、キク	植穴処理土壌混和、植溝処理土壌混和、株元処理	定植時、収穫前日まで
	アクタラ粒剤5	メロン、ピーマン、ナス、ネギ、ワケギ、アサツキ	植穴処理、作条混和	定植時、播種時、植付時
フェニルピラゾール系	プリンス粒剤	キク	植溝土壌混和	定植前

ができる。

本剤は、二〇一五年十月時点で、キュウリ、ピーマン、トウガラシ類においてアザミウマ類の蔓延防止の農薬登録があり、処理により、土中のアザミウマ蛹と、農作物の残渣に付着するアザミウマ成幼虫を殺虫することができる。施設キュウリの栽培終了後にビニールを被覆してキルパーを処理し（写真Ⅲ-11）、処理後のうね上に羽化トラップ（写真Ⅲ-12、直方体ケースの底面内部に透明粘着シートを取り付けたもの）を設置したところ、ミナミキイロ成虫が無処理区では捕獲されたが、キルパー処理区では全く捕獲されなかった（表Ⅲ-3）。

栽培終了後の圃場管理と本剤を組み合わせることで、圃場内のアザミウマを根絶させることが可能だ。なお、本剤は刺激臭が多少あるため、処理時にはマスクを着用するとともに、風向きを考慮する。現在、刺激臭が少ない製品が開発されている。

写真Ⅲ-10　農薬キルパー

写真Ⅲ-11　栽培終了後にビニール被覆してキルパー処理

系統を知って簡単ローテーション

もう一度、表Ⅲ-1を見てみよう。アザミウマの種ごとに農薬の殺虫効果をみると、系統によって同じ記号、つまりは同程度の殺虫効果になる場合が多い。たとえば、ミナミキイロではピレスロイド系の農薬に対してはすべて「×」で、補正死亡率は五〇%未満、またミカンキイロではネオニコチノイド系の農薬に対してはほとんどが「×」

写真Ⅲ-12　処理効果を確認するための羽化トラップ

表Ⅲ-3　地表面に設置した羽化トラップ3台によるミナミキイロアザミウマの誘殺成虫数

試験区	処理量	処理6～10日後(12/5～9)	処理10～13日後(12/9～12)	処理13～17日後(12/12～16)	処理17～20日後(12/16～19)
キルパー処理区	薬量60ℓ/10a 50倍	0	0	0	0
無処理区	－	10	9	2	4

だ。

このように、ある系統の農薬に対して抵抗性を発達させると、同じ系統の他の農薬にも抵抗性を発達させることを交差抵抗性というが、アザミウマは交差抵抗性を発達させやすい。したがって、どの系統の農薬が有効かを知ることが重要で、有効な系統を把握してローテーション散布する必要がある。

農薬が効かないときの判断手順

アザミウマに対して有効だと考えられる農薬を散布しても十分な防除効果が得られない場合は、次を疑ってみる。

ひとつは散布のタイミングだ。アザミウマの卵は植物体内に埋め込まれ、蛹は土中にいるため、農薬を散布しても薬液が虫体に到達しない。散布のタイミングが悪いと、農薬散布後に卵から孵化幼虫が発生したり、成虫が羽化したりする。

次に、散布ムラだ。植物体が繁茂するようになると、散布量を多くしても散布ムラが生じ、薬液が付着していない部分にアザミウマが残存する。

これらの散布タイミングや散布ムラは、散布前に幼虫が発生している葉を何枚かマークしておき、散布前後の幼虫数を比較して確認する。

散布後にほとんどの葉で幼虫が見られなければ、防除効果はあったと判断できる。孵化幼虫や成虫が少し見られる場合には散布のタイミング、一部の葉で多くの幼虫が残る場合は散布ムラが原因と考えられる。ほとんどの葉で幼虫が減少しない場合には農薬に対する抵抗性が発達した可能性がある。この場合は、異なる系統の薬剤で対処するとともに、本当に抵抗性が発達したのか地域の普及センターや農業試験場などに相談しよう。

コラム

簡単にできるソラマメ葉片浸漬法

アザミウマの成虫を大量に捕獲することができれば、自分で農薬の殺虫効果を調査することができる。以下にソラマメを用いた葉片浸漬法（柴尾二〇一三）の手順を示す。

小型の円筒形スチロール瓶（内径二・五cm、高さ五cm）、アザミウマの餌となるソラマメ葉片（一・五cm×一・五cm）、市販の農薬、ビーカー、ろ紙片（一cm×四・五cm）、アザミウマを移し替えるための吸虫管、パラフィルムなどの薄膜フィルムを用意する。

①農薬を水道水で希釈して、所定濃度の薬液をビーカーに調整する。

②小型のスチロール瓶に薬液を注入した後に除去し、内面に付着した薬液を乾かす（写真）。

③ソラマメ葉片を薬液に浸漬し、風乾する。

④スチロール瓶に風乾したソラマメ葉片とろ紙片を入れ、そこに吸虫管で吸い取ったアザミウマ成虫を一〇～一五個体入れる。すぐに薄膜フィルムで密封する（写真）。

⑤やや暗めの室内に二日ほど静置し、スチロール瓶内のアザミウマを生存と死亡の別に調査して、死亡率を算出する。死亡率が九〇％以上であれば高い防除効果が期待され、七〇％以上でも防除には有効と考えられる。

薬液（右）と乾燥中の小型スチロール瓶（左）

ろ紙片とソラマメ葉片を入れて、アザミウマを放飼し密封

4. 天敵を使いこなす

近年、天敵微生物や天敵昆虫を利用したアザミウマの防除が注目されている。天敵利用による防除法を「生物的防除法」という。生物的防除法には、圃場内に商品として販売されている生物農薬を放飼または散布する方法と、圃場周辺に発生する土着天敵を利用する方法がある。アザミウマの天敵を使いこなそう。

施設圃場で効果大の生物農薬四種

生物農薬とは、「有害生物の防除に利用される、拮抗微生物、植物病原微生物、昆虫病原微生物、昆虫寄生性線虫、寄生虫あるいは捕食性昆虫などの生物的防除資材」と定められており、天敵となる微生物や昆虫などを、生きた状態で製品化したものである。

利用される天敵生物は、天敵微生物（細菌、糸状菌、ウイルス、原生動物など）、天敵昆虫（捕食性昆虫、寄生性昆虫、捕食性ダニ類など）、天敵線虫（昆虫寄生性線虫など）などに分類される。天敵昆虫や天敵線虫を用いたものを「天敵農薬」、

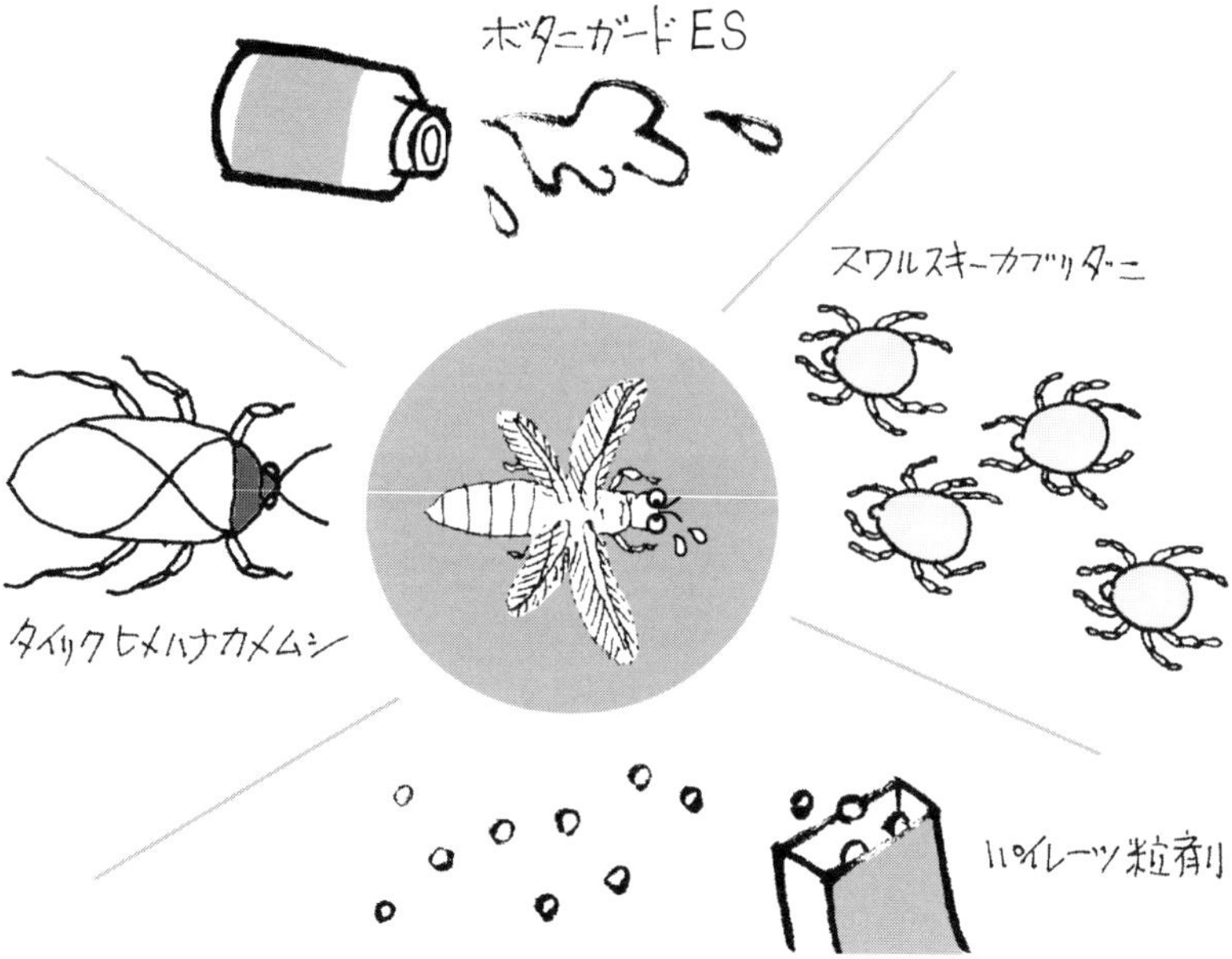

天敵微生物を用いたものを「天敵微生物農薬」と呼ぶ場合もある。現在、日本ではすでに四〇種類以上が農薬登録されている。なかでも、アザミウマに対して有効な生物農薬は以下の四種だ。

簡単に使える天敵微生物

天敵微生物は、化学合成農薬と同じように薬液を動力噴霧機で散布、または粒剤と同じように株元に処理して使用する。これまでの防除作業と同様に処理できることから、比較的容易に使える生物農薬であり、総使用回数の制限はない。ただし、農薬とはいっても、天敵微生物は生きものである。天敵微生物を殺してしまうような化学合成農薬の散布は控える必要がある。

ボタニガードES・水和剤
——薬剤抵抗性害虫にも卓効

ボタニガードES（写真Ⅲ－13）・水和剤は、有効成分のボーベリア・バシアーナGHA株分生子を含む微生物殺虫剤である。ESは鉱物油を含む乳剤で、有効成分一・六×10^{10}個／mℓを含有し、野菜類のアザミウマ類、マンゴーのチャノキイロなどに農薬登録されている。水和剤は有効成分四・四×10^{10}個／mℓを含有し、野菜類（施設栽培）のアザミウマ類などに農薬登録されている。

有効成分のボーベリア・バシアーナは、広範な害虫に寄生するカビの仲間で、薬剤抵抗性の発達した害虫に対しても優れた効果を発揮し、好適な感染条件下では、感染した死亡虫の体表面に白いカビが生えるので、効果を目で確認できる（写真Ⅲ－14）。マルハナバ

写真Ⅲ－13　微生物殺虫剤ボタニガードES

写真Ⅲ－14　死亡したアザミウマの体表に白いカビ

チ、ミツバチ、天敵などへの悪影響が小さく、環境にやさしい薬剤である。JAS法に適合し、農薬散布回数にカウントされないので、有機栽培・特別栽培農産物でも使用可能である。

本剤は高湿度条件の散布で効果が高まるので、夕方に薬剤を散布して、施設のサイドを閉め切り、散布後一五～二四時間は八〇％以上の湿度を保つ。また、低温期の使用は避け、一八～二八℃の温度が確保できる時期に使用する。十分な効果を得るため、散布は害虫発生初期に七日間隔で三～四回行なう。浸透移行性はないので、葉裏や花、生長点などの、害虫の生息場所に薬液が十分付着するように散布する。ボタニガードES（五〇〇倍）二回散布による、施設ナスのミカンキイロの防除効果を図Ⅲ-6に示した（柴尾 未発表）。なお、表Ⅲ-4に示す農薬は、本剤に対して悪影響が大きいので使用を控える。

パイレーツ粒剤
——土壌表面で幼虫を待ち伏せて感染

パイレーツ粒剤は、有効成分のメタリジウム・アニソプリエSMZ―二〇〇〇株（一×10^7CFU／g）を含む微生物殺虫剤である。ナス（施設栽培）、キュウリ（施設栽培）、ピーマン（施設栽培）のアザミウマ類に農薬登録されている。

有効成分のメタリジウム・アニソプリエは、一般的な土壌に常在している昆虫の天敵糸状菌である。本剤は、破砕米の表面にメタリジウム菌をコーティングした粒剤タイプの製剤で、作物の株元に五g／株（五kg／一〇a）を散布する（写真Ⅲ-15）。

アザミウマ類の幼虫は、蛹になるために作物の茎葉部から土壌に落下する性質を持つため、落下してくるアザミウマ類幼虫に対してメタリジウム菌が土壌表面で待ち伏せし、アザミウマ類の体表に菌が付着して感染し、短期間で死亡させる。乾燥条件では効果が劣るため、灌水チューブなどを設置して土壌表面が乾燥しないように心がけ、マルチを被覆する場合には植穴の部分またはうねの中央部に散布し、両側か

写真Ⅲ-15　微生物殺虫剤パイレーツ粒剤の株元散布（白い粒々）

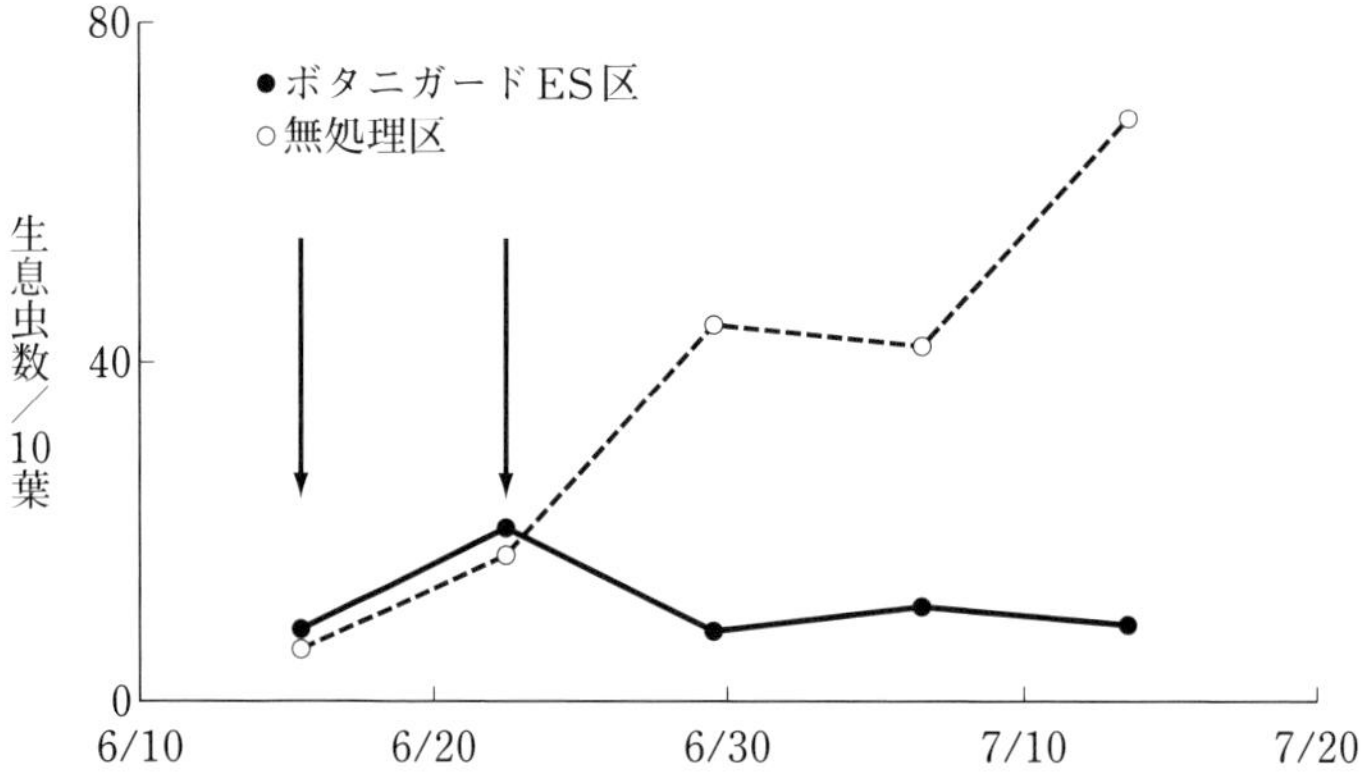

図Ⅲ-6　ボタニガードES散布による施設ナスのミカンキイロアザミウマの防除効果　（柴尾 未発表）

表Ⅲ-4　生物農薬に対して悪影響を及ぼす主な農薬

生物農薬名	殺虫剤・殺ダニ剤	殺菌剤
ボタニガードES・水和剤	スミチオン	アミスター、ジマンダイセン、ジャストミート、セイビアー、ダコニール、ベルクート、ベンレート、ラリー、ロブラールなど
パイレーツ粒剤	スミチオン	トリフミン、ベンレート
スワルスキー、スワルスキープラス	アーデント、アニキ、アファーム、オルトラン、コロマイト、サンマイト、スピノエース、テルスター、ハチハチ、バイスロイドなど	アントラコール、ジマンダイセン、モレスタン、リドミルMZなど
オリスターA、タイリク、トスパック、リクトップ	アグロスリン、アタブロン、アディオン、アドマイヤー、アファーム、オルトラン、サンマイト、スプラサイド、スミチオン、ダイアジノン、テルスター、トレボン、バイスロイド、ピラニカ、マブリック、マラソン、ラービン、ランネート、ロディーなど	とくになし

注）日本バイオロジカルコントロール協議会の天敵に対する農薬の影響目安の一覧表（2014年9月第23版）より抜粋

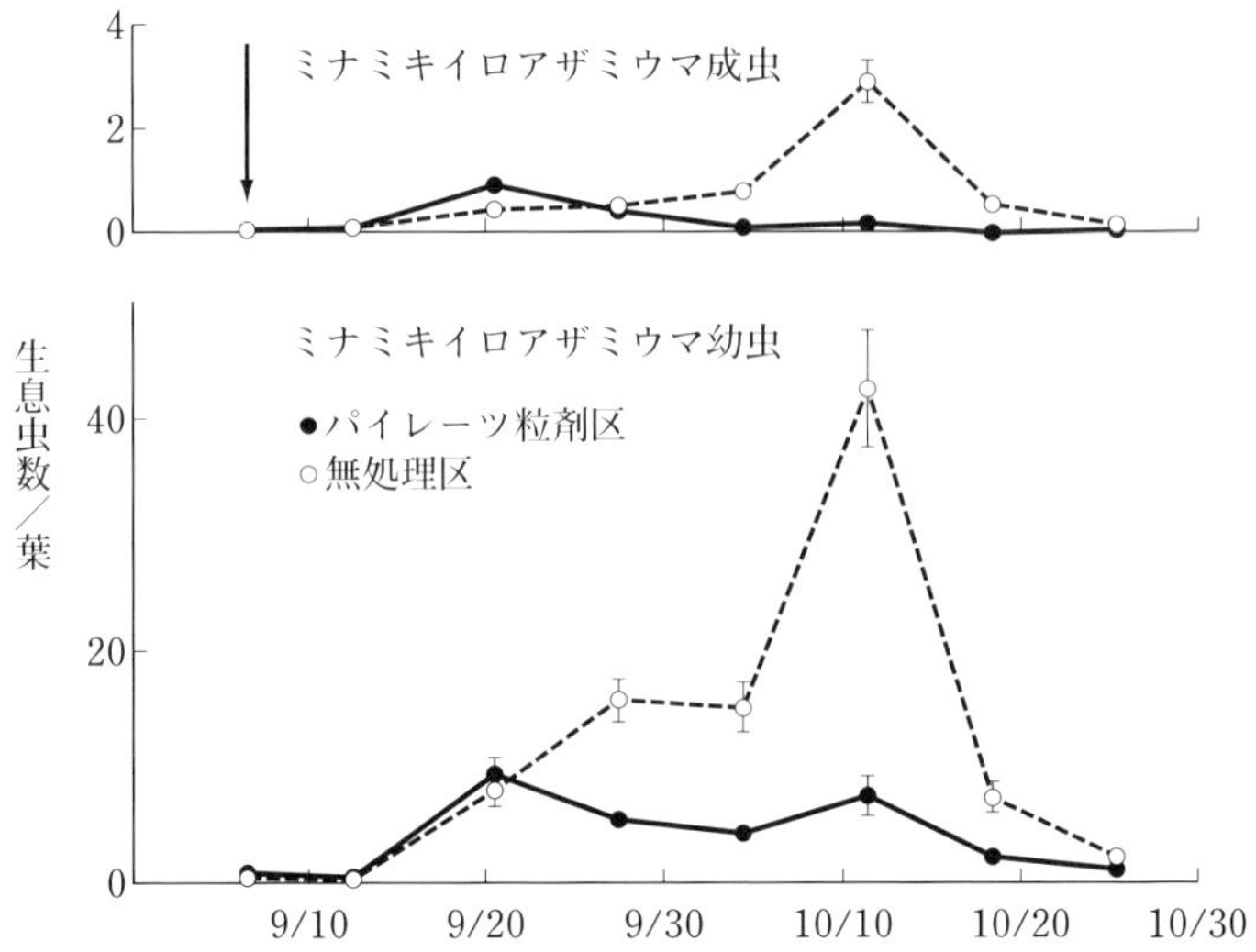

図Ⅲ-7　パイレーツ粒剤処理による施設キュウリのミナミキイロアザミウマの防除効果　（柴尾ら 2013を改変）

矢印はパイレーツ粒剤処理、垂線は標準誤差を示す

らマルチを中央に寄せる。また、低温期の使用は避け、一五～三五℃の温度を確保できる時期に使用する。

パイレーツ粒剤処理による施設キュウリのミナミキイロの防除効果を図Ⅲ-7に示した（柴尾ら二〇一三）。なお、表Ⅲ-4に示す農薬は、本剤に対して悪影響が大きいので使用を控える。

働き者の傭兵、天敵昆虫

天敵昆虫・ダニ類は、施設内の植物体に放飼して使用する。ボトルタイプの製剤に封入された天敵を、内部の緩衝剤とともに植物に振り掛ける、またはパック剤の製剤を植物体に吊り下げて放飼することから、作業は比較的容易で、総使用回数の制限はない。

なお、天敵昆虫・ダニ類を殺してしまうような農薬の散布は控える必要がある。

スワルスキーカブリダニ
――海外からやってきた大食漢

スワルスキーカブリダニ（写真Ⅲ-16）は、地中海沿岸地域で発見された、アザミウマ類、コナジラミ類などの捕食性天敵である。

スワルスキー（写真Ⅲ－17）はボトル製剤化した生物農薬で、野菜類（施設栽培）、ナス（露地栽培）、豆類（種実）（施設栽培）、イモ類（施設栽培）、花き・観葉植物（施設栽培）のアザミウマ類、マンゴー（施設栽培）のチャノキイロなどに対して農薬登録があり、発生初期に二五〇～五〇〇mℓ／一〇a（約二五〇〇〇～五〇〇〇〇頭／一〇a）を放飼する。

活動可能な温度は一五～三五℃（最適温度は二八℃前後）で、湿度は六〇％以上の高湿度を好む。放飼は植物体に振り掛ける方法で行なうため簡単で、放飼労力は小さい（写真Ⅲ－18）。アザミウマ類、コナジラミ類、チャノホコリダニを同時に防除することができ、害虫の発生初期に放飼することで、効果が長期間持続する。また、花粉を餌として増殖することができるため、植物体上での定着性が高く、予防的な放飼も可能である。天敵生物であるため、環境に対する影響、残留問題、人畜に対する毒性の心配はほとんどない。

スワルスキープラス（写真Ⅲ－19）は、パック製剤化した生物農薬である。スワルスキーと同様の作物・対象害虫に使用できる。パック当たりのスワルスキーカブリダニ含有量は二五〇頭、一〇〇パックを一箱にした製品で、箱当たりの総数は二五〇〇〇頭となり、従来のボトル製剤と同量が含まれている。パックのサイズは六・五cm×六・五cm、吊り下げ部分を含めると長さ九cmで、野菜や果樹などの茎や枝などに吊り下げて放飼する。

スワルスキーボトル製剤による、施設キュウリのミナミキイロの防除効

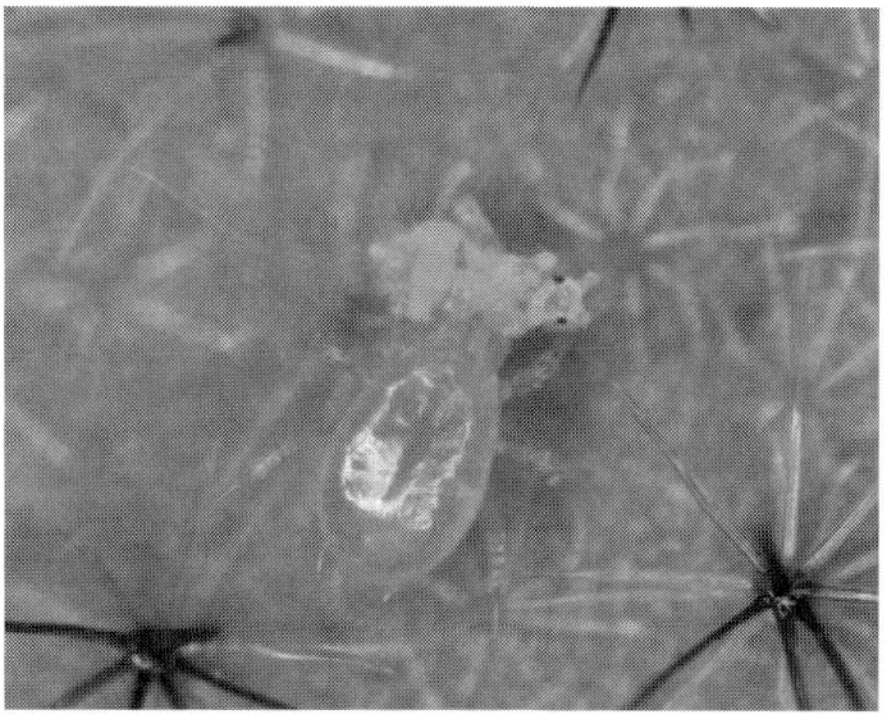
写真Ⅲ－16　捕食性天敵スワルスキーカブリダニ

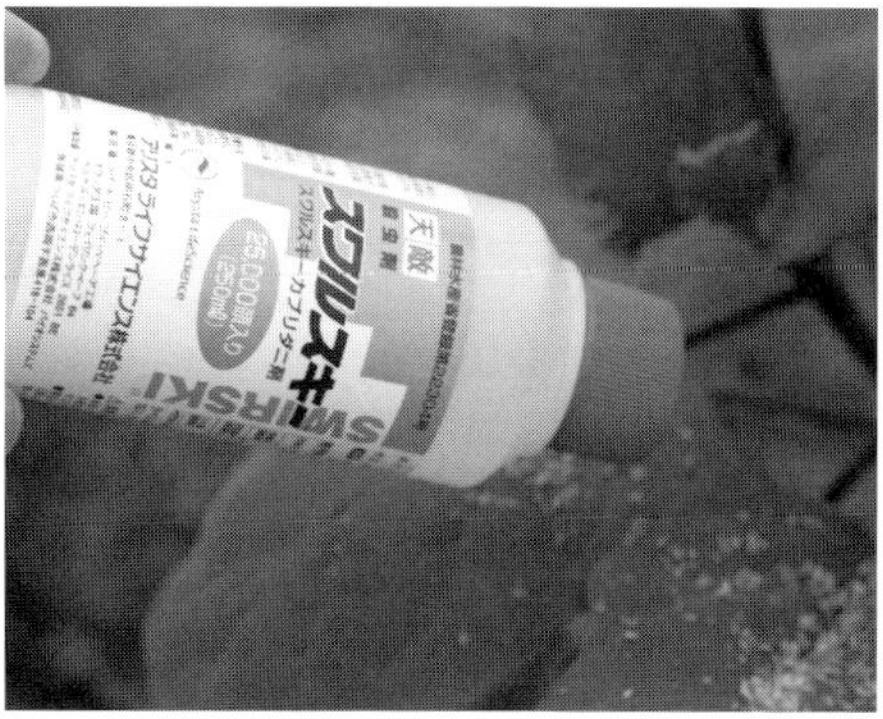

写真Ⅲ－17　ボトル製剤化した生物農薬スワルスキー

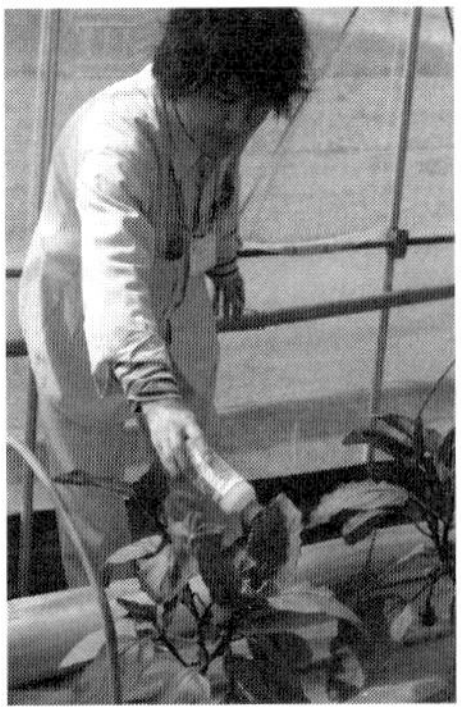

写真Ⅲ-18　放飼は植物体に振り掛けるだけ

写真Ⅲ-19　パック製剤化した生物農薬スワルスキープラス

写真Ⅲ-20　ボトル製剤化した生物農薬タイリク

写真Ⅲ-21　土着天敵ナミヒメハナカメムシ（アザミウマ捕殺中）

果を図Ⅲ-8に示した（柴尾ら二〇〇九）。なお、表Ⅲ-4に示す農薬は、本種に対して悪影響が大きいので使用を控える。

タイリクヒメハナカメムシ

――定着すれば長期の効果

タイリクヒメハナカメムシは、アザミウマ類などを捕食する土着の天敵である。オリスターA、タイリク（写真Ⅲ-20）、トスパック、リクトップはボトル製剤化した生物農薬で、野菜類（施設栽培）のアザミウマ類に対して農薬登録があり、発生初期に〇・五〜二ℓ／一〇a（約五〇〇〜二〇〇〇頭／一〇a）（リクトップでは一〇〇〇〜三〇〇〇頭／一〇a）を放飼する。放飼は植物体に振り掛ける方法で行なうため簡単で、放飼労力は小さい。

飛翔能力が高いため、アザミウマ類をみずから探して捕食し、定着すれば

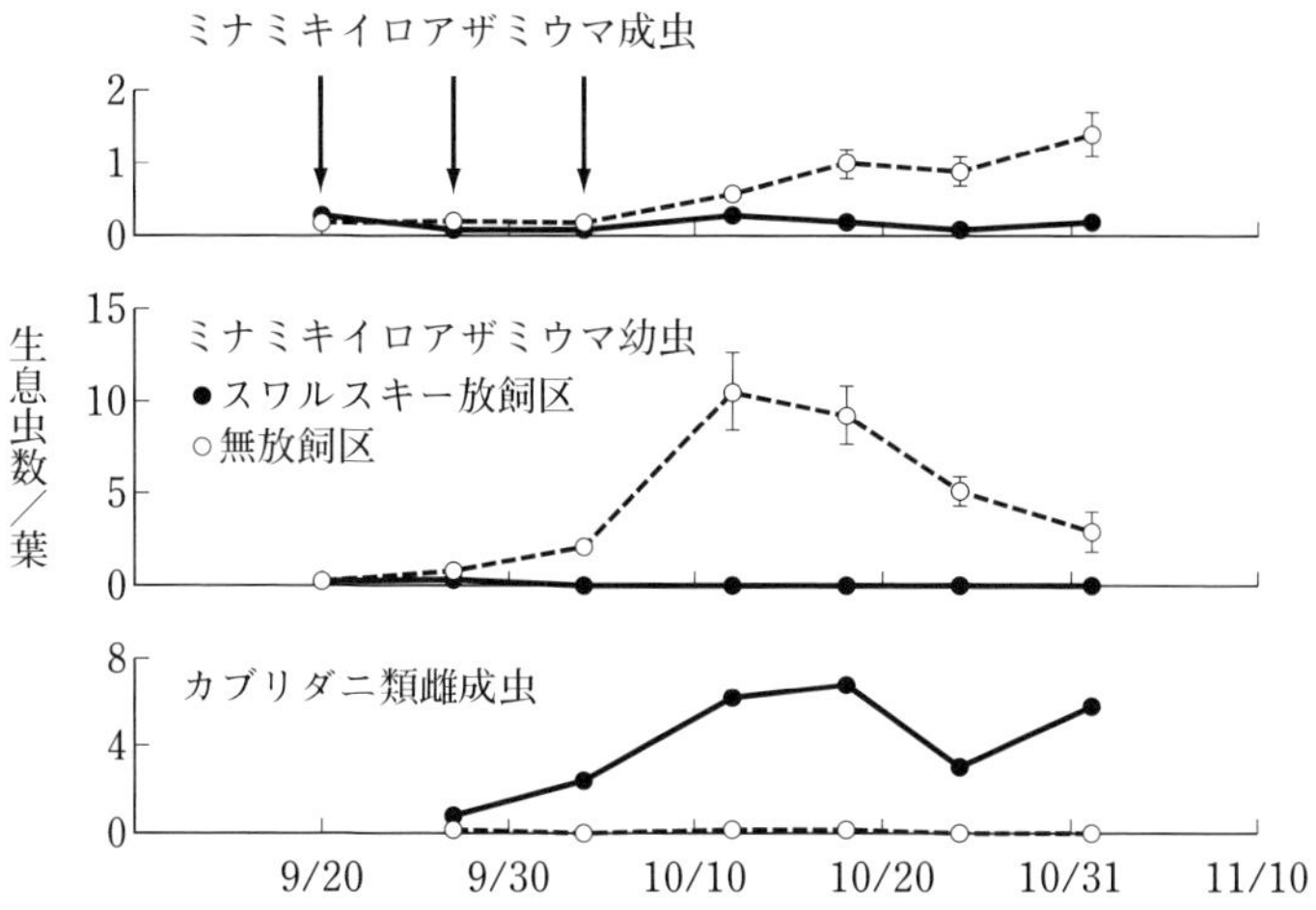

図Ⅲ-8　スワルスキーカブリダニ放飼による施設キュウリのミナミキイロアザミウマの防除効果　（柴尾ら 2009を改変）

矢印はスワルスキーカブリダニ放飼、垂線は標準誤差を示す

長期間の効果が持続する。また、冬期の短日条件下でも有効に働くが、春先から秋の高温期（最適活動温度は二〇〜三五℃）の使用がより効果的である。天敵生物であるため、環境に対する影響、残留問題、人畜に対する毒性の心配はほとんどない。

タイリクヒメハナカメムシ製剤による、施設ナスのミカンキイロの防除効果を図Ⅲ-9に示した（柴尾・田中 二〇〇〇）。なお、表Ⅲ-4に示す農薬は、本種に対して悪影響が大きいので使用を控える。

野外の天敵も増やして生かす

生物農薬はほとんどが施設栽培のみで使用可能であり、露地栽培では使用できない。そこで、露地栽培では、圃場の周辺に自然発生する土着天敵を保護して利用する。圃場周辺に土着天敵が集まりやすい植物（天敵温存植物）を植え付け、土着天敵を増やしてアザミウマの発生を抑制する。その際、天敵を殺してしまうような農薬の散布は控える必要がある。

ナミヒメハナカメムシはマリーゴールドやオクラで

ヒメハナカメムシ類はアザミウマ類などを捕食する土着の天敵で、国内ではナミヒメハナカメムシ（写真Ⅲ-21、口絵八ページ）の発生が多い。アザミウマ類の他に、ハダニ類、アブラムシ類、コナジラミ類なども捕食する。

ナミヒメハナカメムシは、ナスなどの果菜類の露地圃場の周辺にマリーゴールドやオクラを作付すると温存することができる（奈良県 二〇一一、亀代ら 二〇一二）。マリーゴールドの花では、ナスに発生しても実害のないヒラズハナアザミウマやハナアザミウマが増え、そのアザミウマを餌としてナミヒメハナカメムシが増える。また、オクラの真珠体（葉や茎にできる透明な粒）はナミヒメハナカメムシの餌となり、真珠体を吸汁することでナミヒメハナカメムシを温存できる。マリーゴールドやオクラを植栽して、天敵温存圃場をつくろう。

なお、表Ⅲ-4のオリスターA、タイリク、トスパック、リクトップの欄で示されている農薬は、ヒメハナカメムシ類に対して悪影響が大きいと考えられるので、使用を控える。土着天敵ヒメハナカメムシ類に対して悪影響の大きい非選択性農薬を散布してしまうと、ヒメハナカメムシ類の発生が抑制され、露地栽培ナスのミナミキイロの発生が、防除しないときより多くなる事例があるので注意する（柴尾・田中 一九九八：図Ⅲ-10）。

タバコカスミカメはゴマで

タバコカスミカメ（口絵八ページ）は、アザミウマ類やコナジラミ類などを捕食する土着の天敵である。このカスミカメはゴマが好きで、アザミウマなどの微小昆虫がほとんど存在していない条件でも発生し、ナスなど果菜類の露地圃場の周辺にゴマを作付すると温存することができる（中石 二〇一四）。ゴマを植栽して、天敵温存圃場をつくろう。

なお、このカスミカメは雑食性で、微小動物と植物の両方を餌としているため、ピーマンやシシトウでは本種の加害による奇形果が発生することがある。注意が必要である。また、ネオニコチノイド系殺虫剤、アファーム乳剤、アグリメック、マッチ乳剤などはタバコカスミカメに対して悪影響が大きいと考えられるので、使用を控える。

土着のカブリダニは、米ぬかやふすま、リビングマルチで

施設圃場や露地圃場では、アザミウマを捕食する土着のカブリダニ類が発生する。アザミウマを捕食する土着のカブリダニとして、キイカブリダニ（望月 二〇〇九：口絵八ページ）、ヘヤカブリダニ（古味 二〇一〇）、ニセラーゴカブリダニ（柿元ら 二〇〇四）、コウズケカブリダニ（柴尾ら 二〇〇六：図Ⅲ-11：口絵八ページ）な

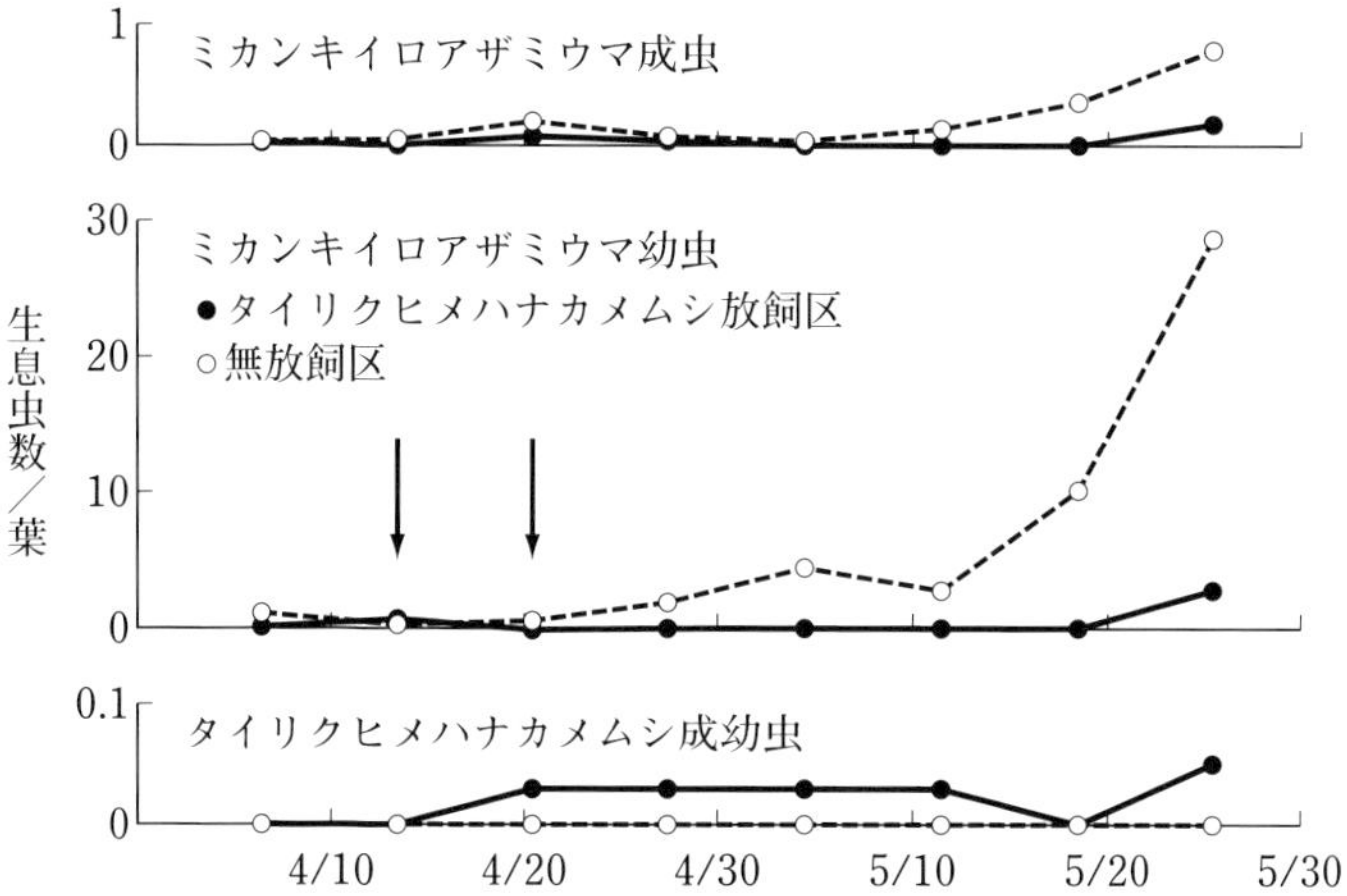

図Ⅲ-9　タイリクヒメハナカメムシ放飼による施設ナスのミカンキイロアザミウマの防除効果　(柴尾・田中 2000を改変)

矢印はタイリクヒメハナカメムシ放飼、垂線は標準誤差を示す

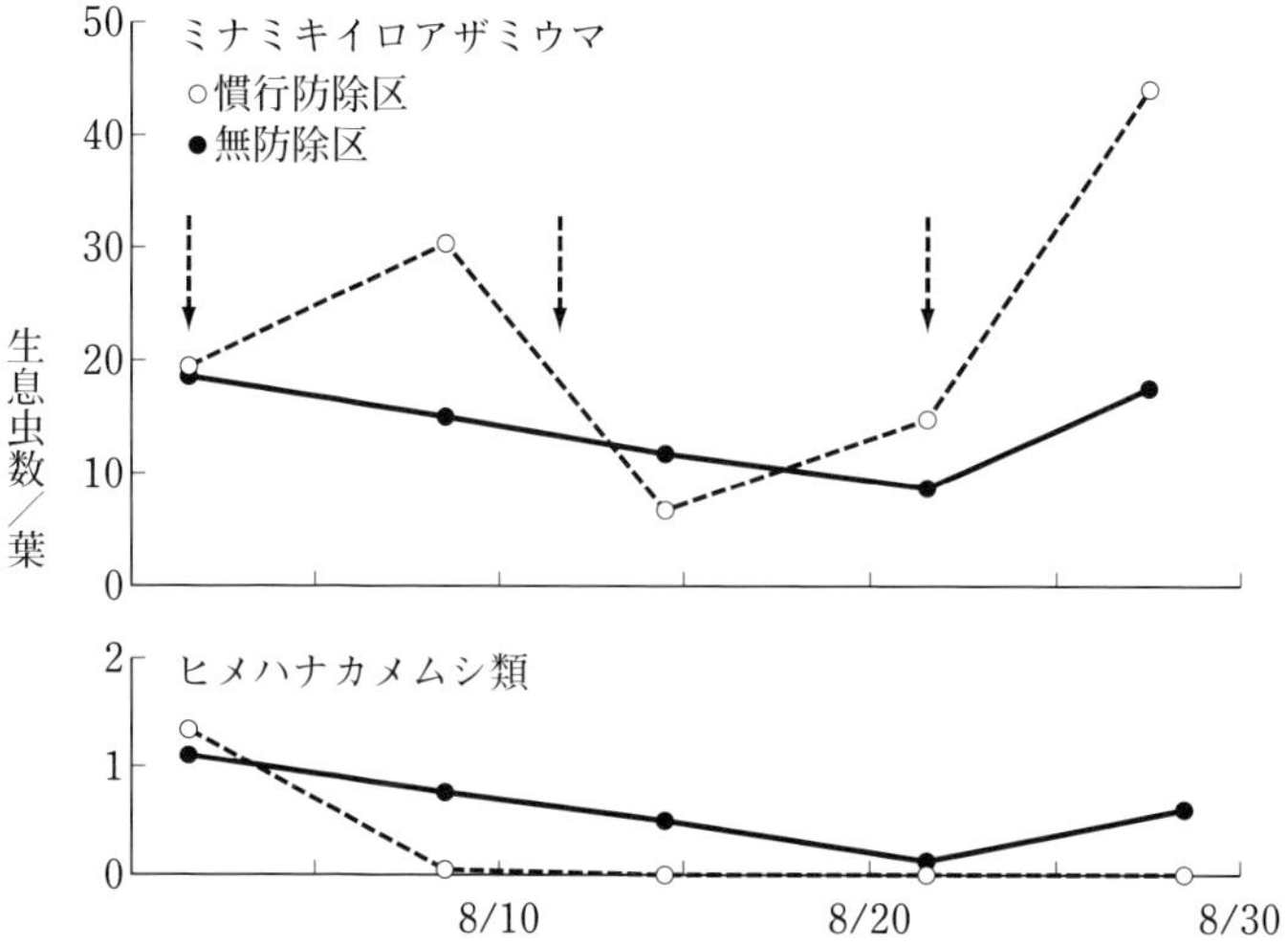

図Ⅲ-10　ヒメハナカメムシ類の保護による露地ナスのミナミキイロアザミウマの密度効果　(柴尾・田中 1998を改変)

矢印は慣行防除区における非選択性農薬散布を示す

どが知られている。

カブリダニ類はコナダニ類やホコリダニ類も捕食して増殖するので、施設圃場では、コナダニ類やホコリダニ類が増殖する米ぬかやふすまを圃場に処理すると、温存することができる。米ぬかやふすまを処理して、天敵温存圃場をつくろう。

また、露地栽培ネギのネギアザミウマでは、リビングマルチ用のムギ類を間作すると、ムギ類に発生する害虫を捕食するカブリダニ類が増殖する。ムギ類のリビングマルチで、天敵温存圃場をつくろう。なお、表Ⅲ-4のスワルスキー、スワルスキープラスの欄に示されている農薬は、カブリダニ類に対して悪影響が大きいと考えられるので使用を控える。

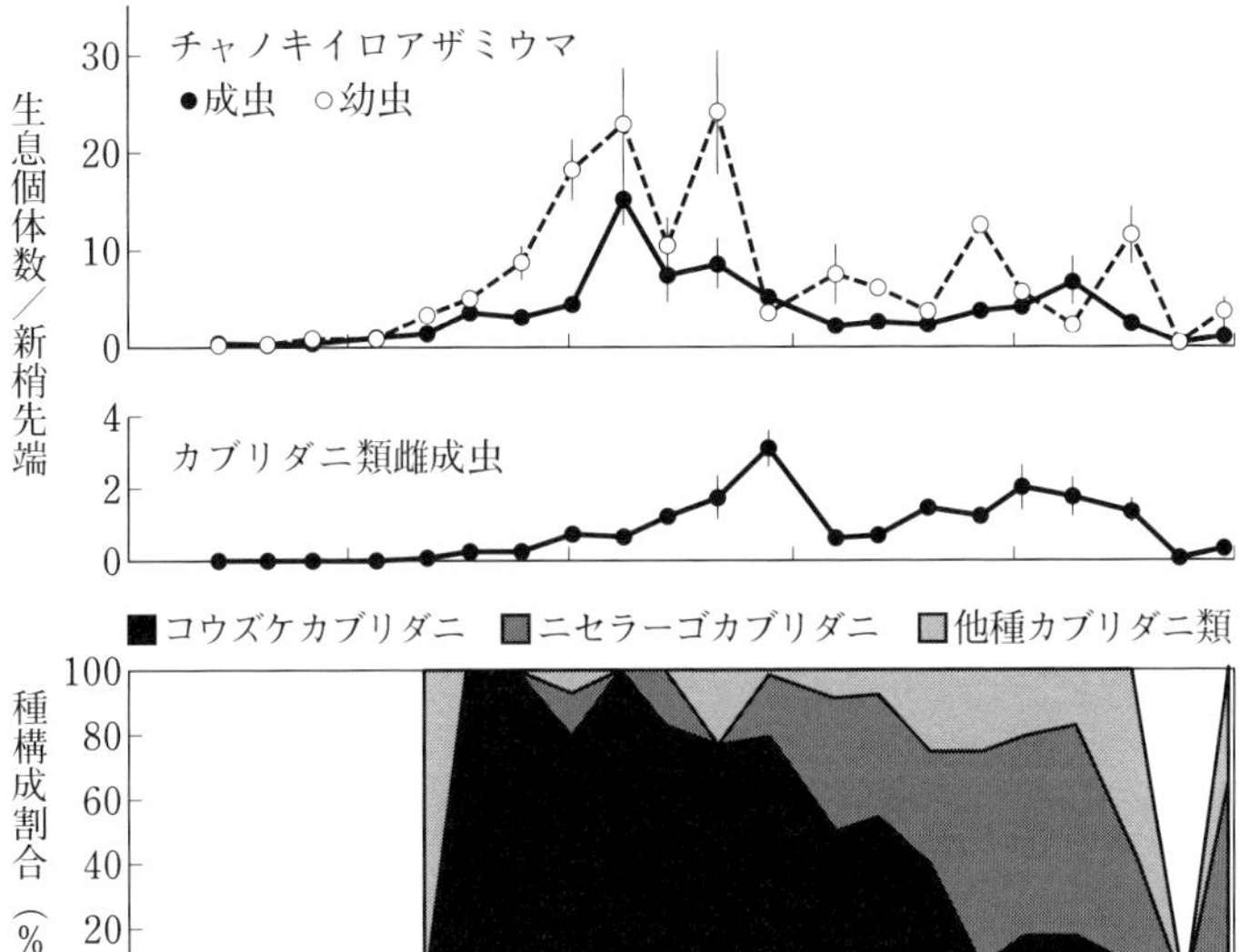

図Ⅲ-11　露地ブドウにおけるチャノキイロアザミウマとカブリダニ類の発生消長およびカブリダニ類種構成割合の変動

（Shibaoら2004を改変）

垂線は標準誤差を示す

Ⅳ　品目別 防除マニュアル

ナス

◆診断のポイント

発生する主なアザミウマは、ミナミキイロ、ネギアザミウマ、ミカンキイロ、ヒラズハナの四種である。図Ⅳ−1のナスの診断フローチャートに従い、被害症状からアザミウマの種類を診断する。初期の被害症状はよく似ているので、ルーペなどを用いて雌成虫の体長や体色を観察する。アザミウマ種別の加害時期は図Ⅳ−2のとおりで、作型により加害時期が異なる。

◆防除の実際

施設栽培

圃場管理

隣接地の圃場や家庭菜園などでナスなどの作物が栽培されていると、そこがアザミウマの発生源になる。前作ではアザミウマが多発する作物を栽培せず、同一施設内ではアザミウマが発生しやすい作物を混作しない。

促成栽培では定植前の八月に施設内の雑草を除草して閉め切り、太陽熱により温度を上昇させてアザミウマを殺虫する。同時に土壌表面に透明ビニールを敷くと効果が高まる。

半促成栽培では定植前の十二〜一月に施設内の雑草を除草して、約一カ月間閉め切り、施設内の温度を上昇させてアザミウマを羽化させ、餌のない状態で餓死させる。

育苗は、育苗専用施設を設けて行なう。定植を予定している施設内では育苗しない。

施設および育苗専用施設の天窓や側面開口部には、目合い一㎜以下の防虫ネットを展張する。赤色ネットを用いると侵入防止効果が高くなる。

育苗専用施設には紫外線カットフィルムを被覆し、アザミウマ成虫の侵入を防ぐ。なお、紫外線カットフィルムを被覆した施設ではナス果実の着色が不良になったり、受粉用のミツバチが飛翔しないなどの悪影響があるため、育苗専用施設のみに被覆する。

雑草はアザミウマの発生源になるので、施設の内外の雑草は定植前に除草

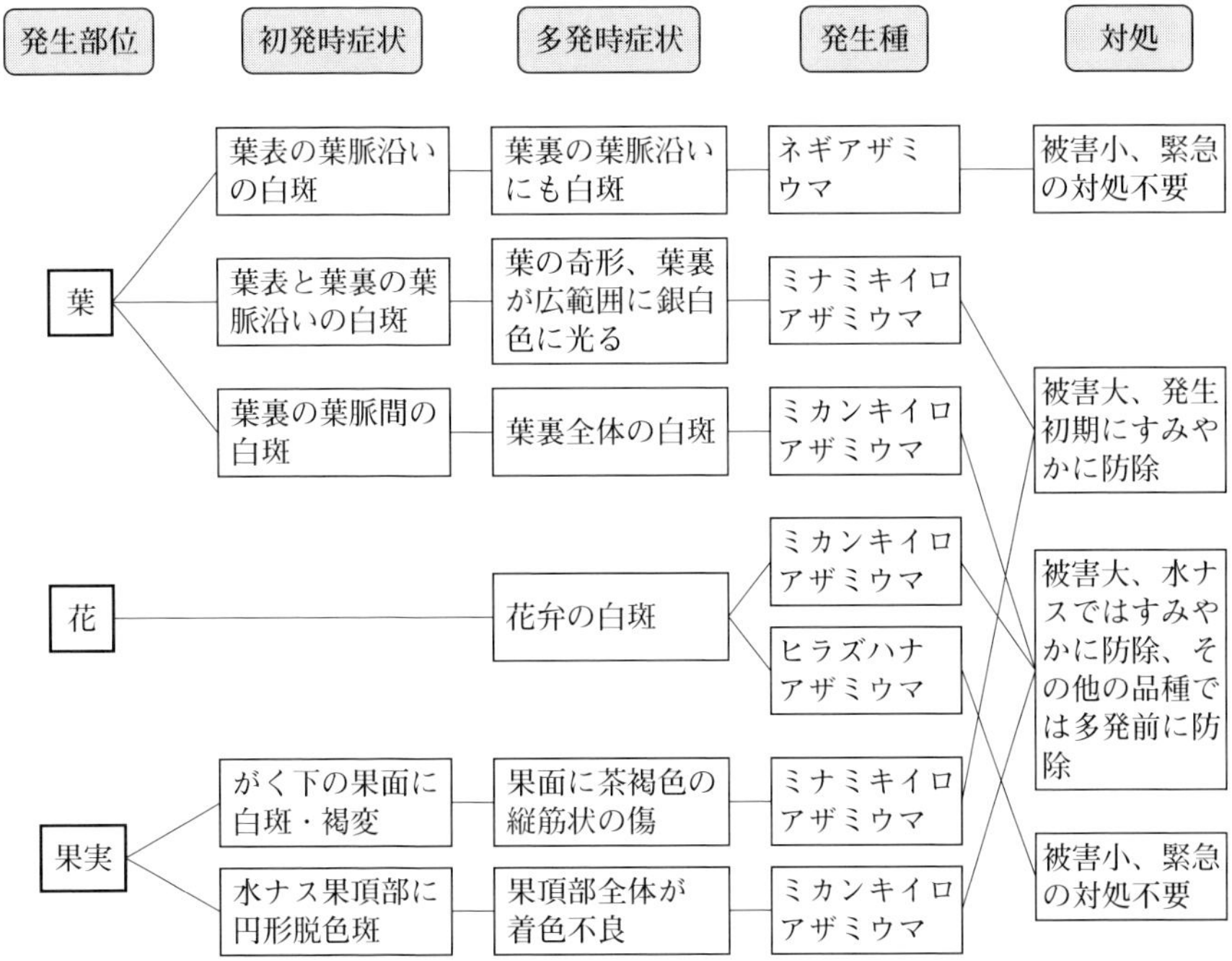

図Ⅳ−1　ナス（ナス科）の診断フローチャート

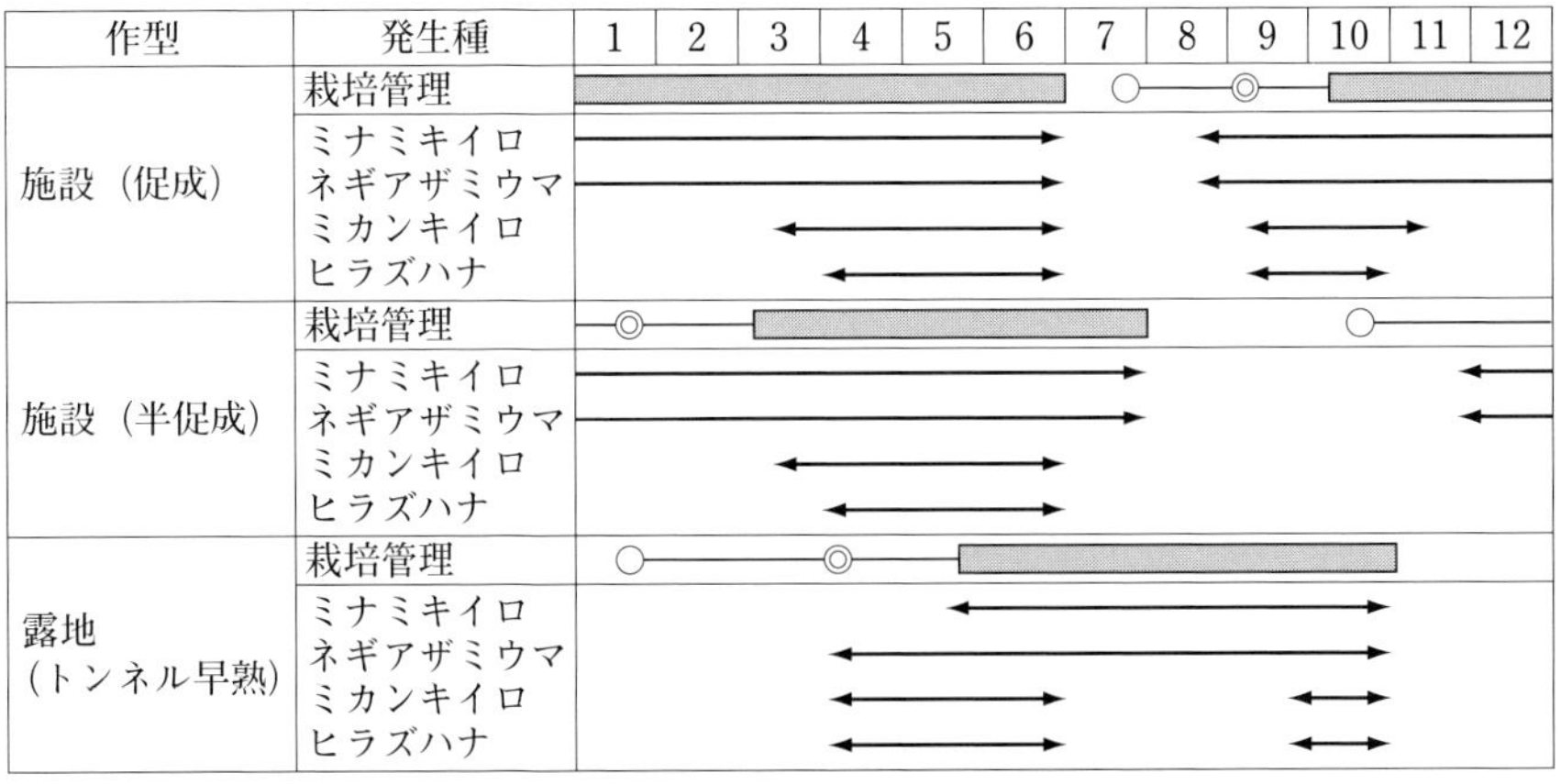

図Ⅳ−2　ナスにおけるアザミウマの加害時期

（○は播種、◎は定植、■は収穫を示す）

する。

定植時

促成栽培では九月、半促成栽培では一月の育苗期後半または定植時に、巻末の品目別農薬表ナスに示す農薬（灌注剤または粒剤）を処理する。ミナミキイロは薬剤抵抗性が発達しているので、育苗期後半にモベントフロアブル、または育苗期後半〜定植当日にベリマークSCを苗に灌注するか、育苗期後半〜定植時にプリロッソ粒剤を散布する。なお、モベントフロアブルを使用する場合、苗が軟弱だと灌注によって葉の縮れなど薬害が生じる恐れがあるので注意する。

定植後はうね面をマルチし、アザミウマが土中で蛹化するのを阻止する。

施設内に青色粘着トラップまたは青色粘着ロールシートを設置し、飛翔しているアザミウマの成虫を捕殺する。

生育初期

アザミウマの発生前〜発生初期に、巻末の農薬表に示す生物農薬を使用する。アザミウマが多発してからでは効果が低いので、その場合は選択性農薬を使用してアザミウマの発生密度を低下させた後に使用する。厳寒期の使用は避け、秋期または春期の最低温度が一五℃以上になる条件で使用する。図Ⅳ-3に、施設ナス（無加温半促成栽培）を例に、生物農薬と化学合成農薬の併用によるアザミウマのＩＰＭ（総合的害虫管理）体系例を示した。

生育期・収穫期

アザミウマの発生がみられたら、巻末の農薬表に示す農薬をローテーション散布する。ミナミキイロでは多くの殺虫剤に対して抵抗性が発達しており、現時点で有効な農薬はモベントフロアブル、アファーム乳剤、アグリメックなどに限られる。また、ネギアザミウマ、ミカンキイロ、ヒラズハナでは一部のネオニコチノイド系の殺虫剤で抵抗性が発達しているので、注意が必要である。アザミウマが多発している場合には、七日間隔で二〜三回の農薬散布が必要である。

ハチハチ乳剤を使用する場合、幼苗期の葉の奇形と品種「水ナス」の果実の褐色小斑点、ハチハチフロアブルおよびコテツフロアブルでは幼苗期の葉の奇形や白化の薬害を生じやすい。使用時期に注意が必要である。ボタニガードＥＳ・水和剤では、高濃度で使用すると葉に褐色斑点の薬害を生じることがある。希釈倍率を厳守する。また、魚毒性や蚕毒性のある農薬は取扱いに注意する。

生物農薬を使用する場合は、生物農薬に対して悪影響の小さい選択性農薬を散布する。とくに、表Ⅲ-4（六三

月	旬	栽培管理	防除対策
1	上中下	定植	・モベントフロアブル（500倍）の育苗期後半灌注処理
2	上中下		・パイレーツ粒剤（5g/株）の株元処理
3	上中下	収穫	・アファーム乳剤（2000倍）の散布 ・スワルスキー（50000頭/10a）の放飼
4	上中下	収穫	（・パイレーツ粒剤（5g/株）の株元追加処理）
5	上中下	収穫	
6	上中下	収穫	（・アグリメック（500～1000倍）の散布）
7	上中下	収穫	

図Ⅳ−3　施設ナス（無加温半促成栽培）におけるアザミウマのIPM体系例

（　　）内はミナミキイロアザミウマの発生に応じて処理

ページ）に示した農薬で、ナスに登録のある農薬の散布は控える。

収穫終了後

促成栽培および半促成栽培とも、収穫終了後の七～九月に施設の開口部をすべて閉め切り、太陽熱により施設を蒸し込むことでアザミウマを殺虫する。残渣は施設外に持ち出して処分する。

露地栽培

圃場管理

隣接地、前作、混作、育苗専用施設など、圃場の管理を徹底する（施設栽培を参照）。

雑草はアザミウマの発生源になるので、圃場周辺の雑草は定植前に除草する。

定植時

四月の育苗期後半または定植時に、

巻末の農薬表に示す農薬（灌注剤または粒剤）を処理する（施設栽培を参照）。

定植後にはうね面をマルチし、アザミウマが土中で蛹化するのを阻止する。シルバーポリフィルムのマルチは、アザミウマ成虫の飛来防止に有効である。

生育初期

圃場周辺に土着天敵が集まりやすい植物（温存植物）を植え付け、土着天敵を保護して利用する。ヒメハナカメムシ類が発生する地域では、圃場周辺にマリーゴールドやオクラなどを植え付け、ナミヒメハナカメムシを増やす。また、タバコカスミカメが発生する地域では、圃場周辺にゴマを植え付け、タバコカスミカメを増やす。

生物農薬として、天敵昆虫のスワルスキーカブリダニ剤（スワルスキー）を、定植後の五～六月に放飼する。

生育期・収穫期

アザミウマの発生がみられたら、巻末の農薬表に示す農薬をローテーション散布する（施設栽培を参照）。

生物農薬として、天敵微生物のボタニガードESを散布する。

天敵温存植物を植え付けた場合や、スワルスキーカブリダニ剤、ボタニガードESを使用した場合は、土着天敵、捕食性天敵スワルスキーカブリダニ、天敵微生物ボーベリア菌に対して悪影響の小さい選択性農薬を散布する。とくに、表Ⅲ-4（六三ページ）に示した農薬で、ナスに登録のある農薬の散布は控える。

収穫終了後

栽培終了後の残渣は圃場外に持ち出して処分する。

ピーマン・トウガラシ類

◆診断のポイント

発生する主なアザミウマは、ミナミキイロ、ネギアザミウマ、ミカンキイロ、ヒラズハナ、チャノキイロの五種である。図Ⅳ-4の、ピーマン・トウガラシ類の診断フローチャートに従い、被害症状からアザミウマの種類を診断する。初期の被害症状はよく似ているので、ルーペなどを用いて雌成虫の体長や体色を観察する。アザミウマ種別の加害時期は図Ⅳ-5のとおりで、

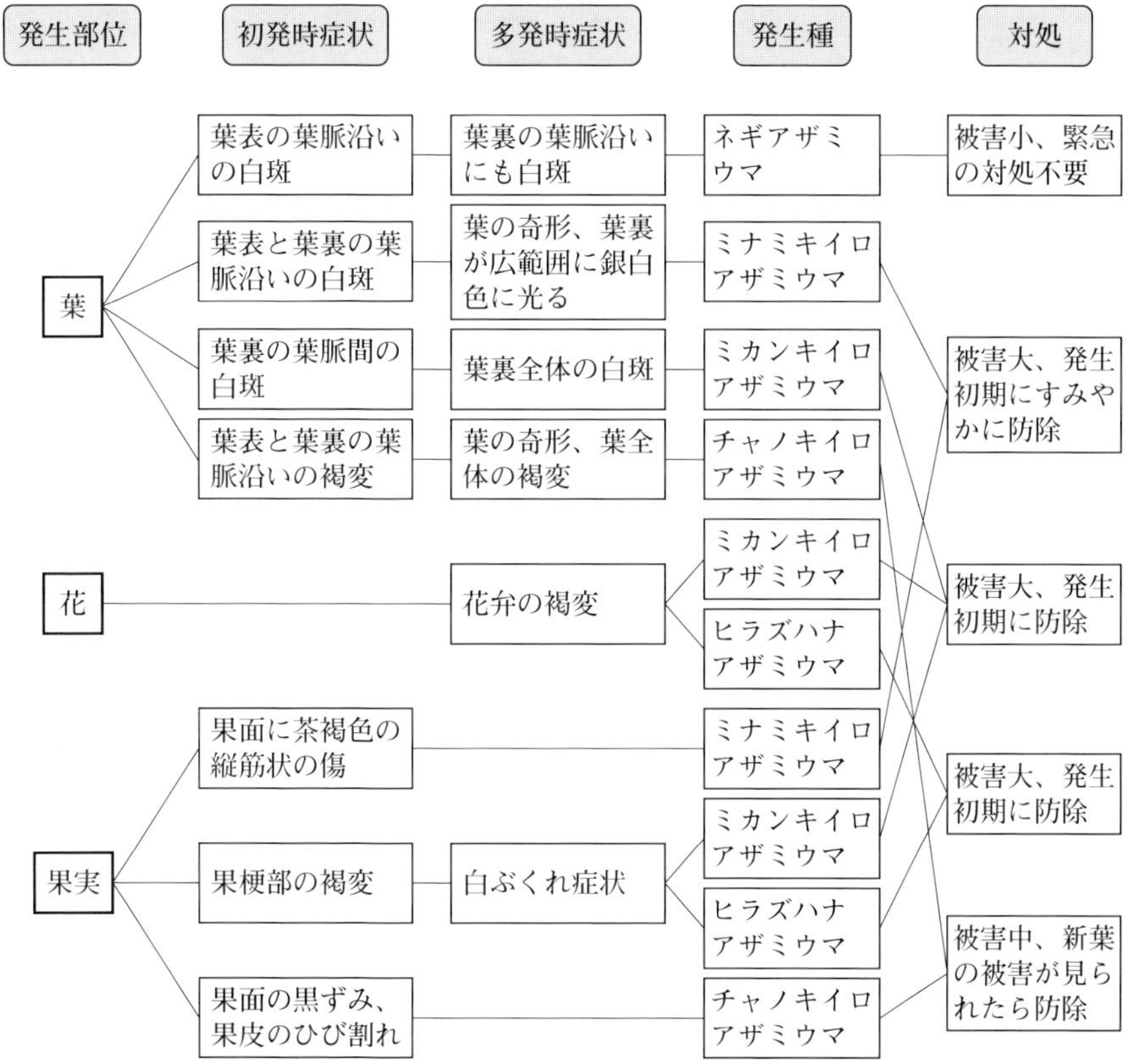

図Ⅳ-4　ピーマン・トウガラシ類（ナス科）の診断フローチャート

作型により加害時期が異なる。

◆防除の実際

施設栽培

圃場管理

　隣接地の圃場や家庭菜園などで、ピーマンやトウガラシ類などの作物が栽培されていると、アザミウマの発生源になる。前作ではアザミウマが多発する作物を栽培せず、同一施設内ではアザミウマが発生しやすい作物を混作しない。

　促成栽培では、定植前の八月に施設内の雑草を除草して閉め切り、太陽熱により温度を上昇させてアザミウマを殺虫する。同時に土壌表面に透明ビニールを敷くと効果が高まる。半促成栽培では、定植前の十二〜一月に施設内の雑草を除草して約一カ月間閉め切り、施設内の温度を上昇させてアザミ

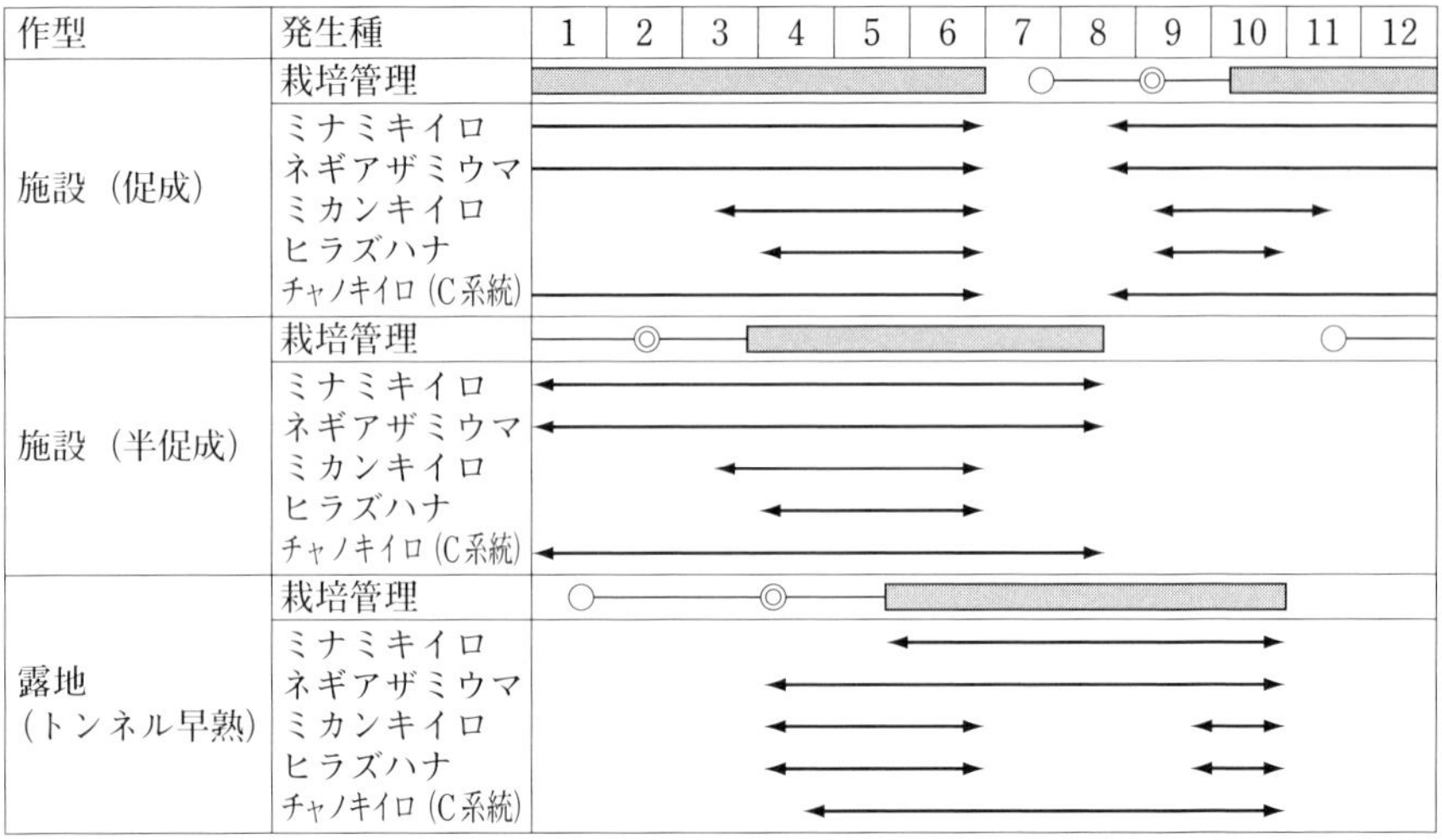

図Ⅳ-5　ピーマン・トウガラシ類におけるアザミウマの加害時期
（○は播種、◎は定植、▒は収穫を示す）

ウマを羽化させ、餌のない状態で餓死させる。

育苗は、育苗専用施設を設けて行なう。定植を予定している施設内では育苗しない。

施設および育苗専用施設の天窓や側面開口部には、目合い一㎜以下の防虫ネットを展張する。赤色ネットを用いると侵入防止効果が高くなる。

施設および育苗専用施設には紫外線カットフィルムを被覆し、アザミウマ成虫の侵入を防ぐ。なお、紫外線カットフィルムを被覆した施設ではミツバチが飛翔しない悪影響があるため、受粉にミツバチを利用する場合には育苗専用施設のみに被覆する。

雑草はアザミウマの発生源になるので、施設の内外の雑草は定植前に除草する。

前作終了後から定植一五日前までに、灌水チューブなどをうね面に設置し、土壌表面をビニールなどで被覆した後、巻末の品目別農薬表ピーマン・トウガラシ類に示すキルパー（原液四〇～六〇ℓ／一〇a）を水で希釈して散布または灌水し、土中のアザミウマを殺虫して蔓延を防止する。その際、施設全体を閉め切ると蔓延防止効果が高まる。

定植時

促成栽培では九月、半促成栽培では二月の育苗期後半または定植時に、巻末の農薬表に示す農薬（灌注剤または粒剤）を処理する。ミナミキイロは薬剤抵抗性が発達しているので、育苗期後半にモベントフロアブルを苗に灌注するか、定植時にプリロッソ粒剤（ピーマンのみ農薬登録）を処理する。

なお、モベントフロアブルは、苗が軟弱だと灌注によって葉の縮れなど薬害が生じる恐れがあるので注意する。

定植後はうね面をマルチし、アザミウマが土中で蛹化するのを阻止する。

施設内に、青色または黄色の粘着トラップまたは粘着ロールシートを設置し、飛翔しているアザミウマの成虫を捕殺する。

生育初期

アザミウマの発生前～発生初期に、巻末の農薬表に示す生物農薬を使用する。アザミウマが多発してからでは効果が低いので、その場合は選択性農薬を使用してアザミウマの発生密度を低下させた後に使用する。厳寒期の使用は避け、秋期または春期の、最低温度が一五℃以上になる条件で使用する。

生物農薬を使用する場合は、生物農薬に対して悪影響の小さい選択性農薬を散布する。とくに、表Ⅲ-4（六三ページ）に示した農薬で、ピーマン、トウガラシ類に登録のある農薬の散布は控える。

生育期・収穫期

アザミウマの発生がみられたら、巻末の農薬表に示す農薬をローテーション散布する。ミナミキイロでは多くの殺虫剤に対して抵抗性が発達しており、現時点で有効な農薬はモベントフロアブル、アグリメックなどに限られる。ネギアザミウマ、ミカンキイロ、ヒラズハナでは、一部のネオニコチノイド系の殺虫剤に対して抵抗性が発達しているので、注意が必要である。アザミウマが多発している場合には、七日間隔で二～三回の農薬散布が必要である。

コテツフロアブルでは品種により葉の白化や褐点など薬害を生じやすい。事前に確認してから散布する。魚毒性や蚕毒性のある農薬は取扱いに注意する。

収穫終了後

促成栽培および半促成栽培とも、収穫終了後の七～八月に施設の開口部をすべて閉め切り、太陽熱により施設を蒸し込むことでアザミウマを殺虫する。残渣は施設外に持ち出して処分する。

露地栽培

圃場管理

隣接地、前作、混作、育苗専用施設など圃場の管理を徹底する（施設栽培を参照）。

雑草はアザミウマの発生源になるので、圃場周辺の雑草は定植前に除草する。

定植時

四月の育苗期後半または定植時に巻末の農薬表に示す農薬（灌注剤または粒剤）を処理する（施設栽培を参照）。

定植後にはうね面をマルチし、アザミウマが土中で蛹化するのを阻止する。シルバーポリフィルムのマルチは、アザミウマ成虫の飛来防止に有効である。

生育初期

圃場周辺に土着天敵が集まりやすい植物（温存植物）を植え付け、土着天敵を保護して利用する。ヒメハナカメムシ類が発生する地域では、マリーゴールドやオクラなどを植え付け、ナミヒメハナカメムシを増やす。また、タバコカスミカメが発生する地域では、ゴマを植え付けてタバコカスミカメを増やす。

生育期・収穫期

アザミウマの発生がみられたら、巻末の農薬表に示す農薬をローテーション散布する（施設栽培を参照）。

生物農薬として天敵微生物のボタニガードESを散布する。

天敵温存植物を植え付けた場合や、ボタニガードESを使用した場合は、土着天敵やボーベリア菌に対して悪影響の小さい選択性農薬を散布する。とくに、表Ⅲ-4（六三ページ）に示した農薬で、ピーマン、トウガラシ類に登録のある農薬の散布は控える。

収穫終了後

栽培終了後の残渣は圃場外に持ち出して処分する。

トマト・ミニトマト

◆診断のポイント

発生する主なアザミウマは、ミカンキイロ、ヒラズハナ、ネギアザミウマの三種である。図Ⅳ-6のトマト・ミニトマトの診断フローチャートに従い、被害症状からアザミウマの種類を診断する。初期の被害症状はよく似ているので、ルーペなどを用いて雌成虫の体長や体色を観察する。アザミウマ種別の加害時期は図Ⅳ-7のとおりで、作型により加害時期が異なる。

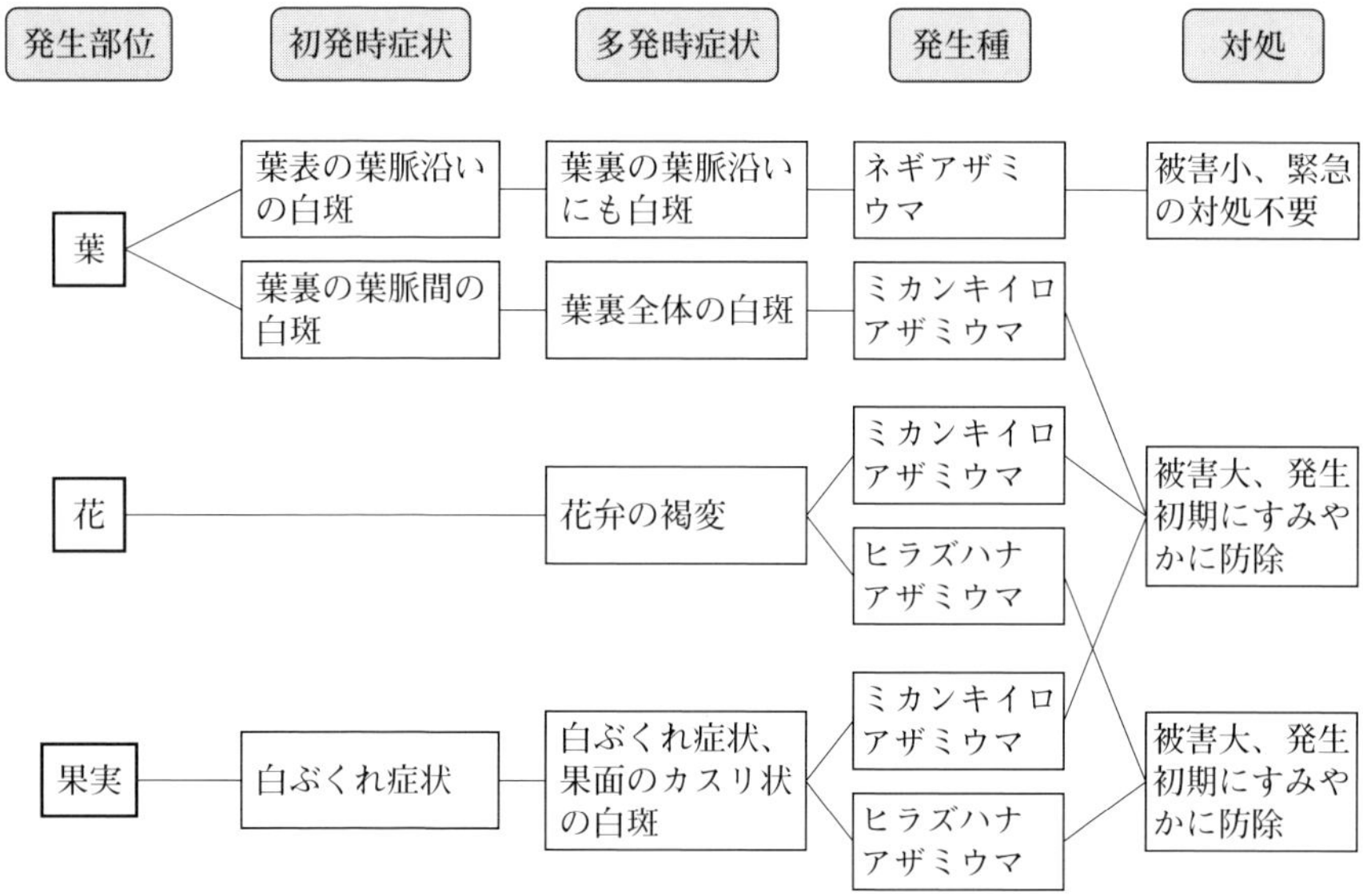

図Ⅳ-6　トマト・ミニトマト（ナス科）の診断フローチャート

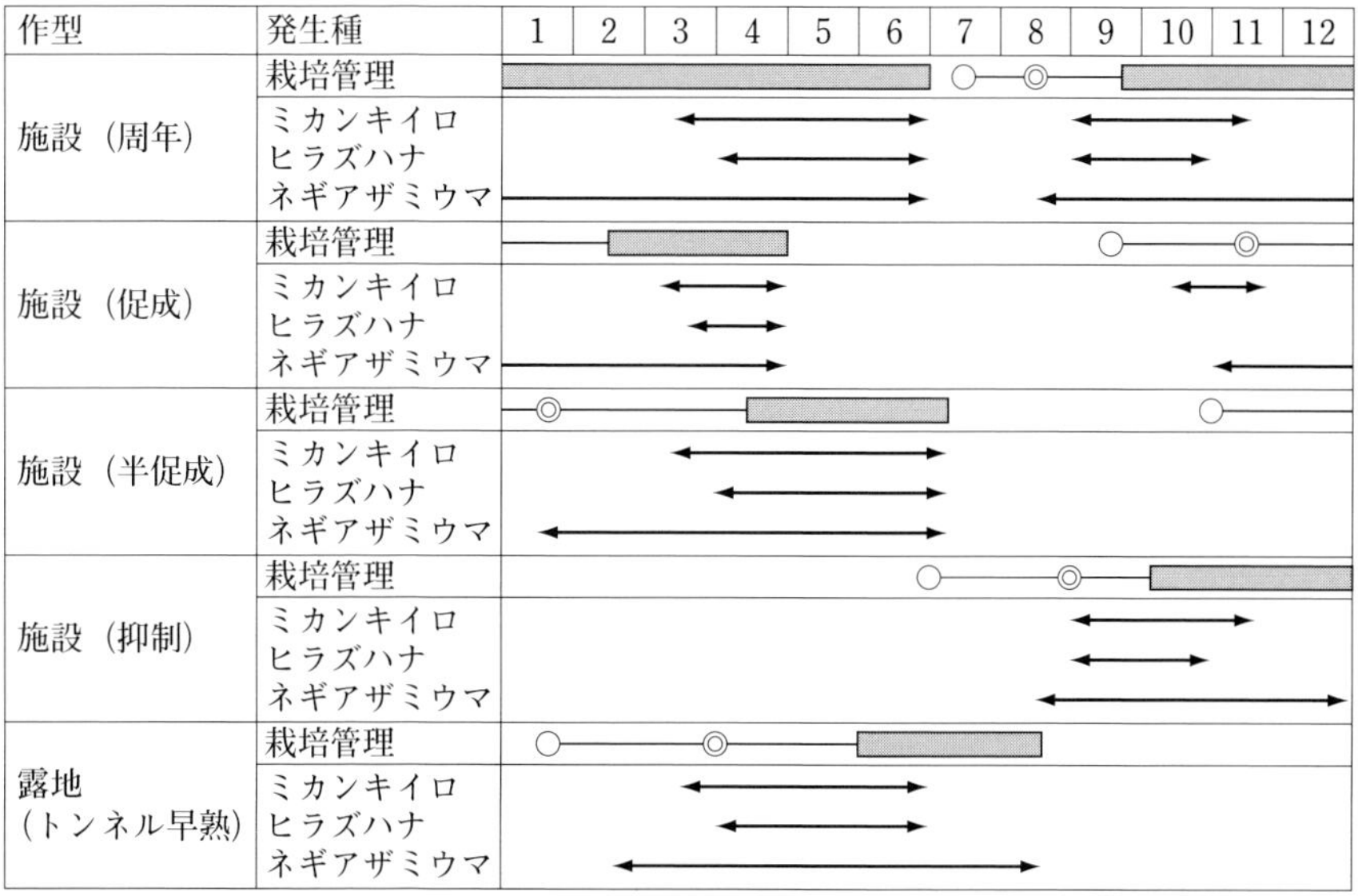

図Ⅳ-7　トマト・ミニトマトにおけるアザミウマの加害時期
（○は播種、◎は定植、▒は収穫を示す）

◆防除の実際

施設栽培

圃場管理

隣接地の圃場や家庭菜園などでトマトなどの作物が栽培されていると、そこがアザミウマの発生源になる。前作ではアザミウマが多発する作物を栽培せず、同一施設内ではアザミウマが発生しやすい作物を混作しない。

促成栽培では定植前の九～十月、抑制栽培では定植前の七～八月に、施設内の雑草を除草して閉め切り、太陽熱により温度を上昇させてアザミウマを殺虫する。同時に、土壌表面に透明ビニールを敷くと効果が高まる。半促成栽培では、定植前の十二～一月に施設内の雑草を除草して約一カ月間閉め切り、施設内の温度を上昇させてアザミウマを羽化させ、餌のない状態で餓死させる。

育苗は、育苗専用施設を設けて行なう。定植を予定している施設内では育苗しない。

施設および育苗専用施設の天窓や側面開口部には、目合い一㎜以下の防虫ネットを展張する。赤色ネットを用いると侵入防止効果が高くなる。

施設および育苗専用施設には紫外線カットフィルムを被覆し、アザミウマ成虫の侵入を防ぐ。なお、紫外線カットフィルムを被覆した施設ではマルハナバチが飛翔しない悪影響があるため、受粉にマルハナバチを利用する場合には、育苗専用施設のみに被覆する。

雑草はアザミウマの発生源になるので、施設の内外の雑草は定植前に除草する。

定植時

周年栽培では八月、促成栽培では十一月、半促成栽培では一月、抑制栽培では八～九月に、巻末の農薬表に示したモベントフロアブルを育苗期後半に苗に灌注するか、プリロッソ粒剤（トマトのみ登録）を育苗期後半～定植時に散布する。なお、モベントフロアブルは、苗が軟弱だと灌注によって葉が縮れるなど薬害が生じる恐れがあるので注意する。

定植後はうね面をマルチし、アザミウマが土中で蛹化するのを阻止する。

施設内に青色粘着トラップまたは青色粘着ロールシートを設置し、飛翔しているアザミウマの成虫を捕殺する。

生育初期

アザミウマの発生前～発生初期に、巻末の農薬表に示す生物農薬を使用する。アザミウマが多発してからでは効果が低いので、その場合は選択性農薬を使用してアザミウマの発生密度を低下させた後に使用する。厳寒期の使用は避け、秋期または春期の、最低温度が一五℃以上になる条件で使用する。なお、スワルスキーカブリダニ剤はトマトではうまく定着できないことから、使用しない。

生育期・収穫期

アザミウマの発生がみられたら、巻末の農薬表に示す農薬をローテーション散布する。ミカンキイロ、ヒラズハナ、ネギアザミウマでは、一部のネオニコチノイド系の殺虫剤に対して抵抗性が発達しているので、注意が必要である。アザミウマが多発している場合には、七日間隔で二~三回の農薬散布が必要である。

ハチハチ乳剤、ハチハチフロアブル、コテツフロアブルを使用する場合、幼苗期に葉の奇形や白化など薬害を生じやすいので、使用時期に注意する。ボタニガードES・水和剤は、高濃度で使用すると葉に褐色斑点を生じることがある。希釈倍率を厳守する。また、魚毒性や蚕毒性のある農薬は取扱いに注意する。

生物農薬を使用する場合は、生物農薬に対して悪影響の小さい選択性農薬を散布する。とくに、表Ⅲ-4（六三ページ）に示した農薬で、トマト、ミニトマトに登録のある農薬の散布は控える。

マルハナバチに対して、モベントフロアブルは三〇日間、コテツフロアブル、ベストガード水溶剤は一〇日間、スピノエース顆粒水和剤は七日間、ハチハチ乳剤・フロアブルは五日間、ディアナSCは三日間の悪影響がある。その他の農薬では、翌日から導入が可能である。

収穫終了後

促成栽培では収穫終了後の五月、周年栽培と半促成栽培では収穫終了後の七月に施設の開口部をすべて閉め切り、太陽熱により施設を蒸し込むことで、アザミウマを殺虫する。残渣は施設外に持ち出して処分する。

露地栽培

圃場管理

隣接地、前作、混作、育苗専用施設など圃場の管理を徹底する（施設栽培を参照）。

雑草はアザミウマの発生源になるので、圃場周辺の雑草は定植前に除草する。

定植時

三~四月の育苗期後半または定植時に、巻末の農薬表に示す農薬（灌注剤または粒剤）を処理する（施設栽培を参照）。

定植後にはうね面をマルチし、アザミウマが土中で蛹化するのを阻止する。シルバーポリフィルムのマルチは、アザミウマ成虫の飛来防止に有効である。

生育初期

圃場周辺に土着天敵が集まりやすい植物（温存植物）を植え付け、土着天敵を保護して利用する。ヒメハナカメムシ類が発生する地域では、マリーゴールドやオクラなどを植え付けて、ナミヒメハナカメムシを増やす。また、タバコカスミカメが発生する地域では、ゴマを植え付けてタバコカスミカメを増やす。

生育期・収穫期

アザミウマの発生がみられたら、巻末の農薬表に示す農薬をローテーション散布する（施設栽培を参照）。

生物農薬として天敵微生物のボタニガードESを散布する。

天敵温存植物を植え付けた場合やボタニガードESを使用した場合は、土着天敵や天敵微生物ボーベリア菌に対して悪影響の小さい選択性農薬を散布する。とくに、表Ⅳ－4（六三ページ）に示した農薬で、トマト、ミニトマトに登録のある農薬の散布は控える。

収穫終了後

栽培終了後の八～九月に残渣は圃場外に持ち出して処分し、透明ビニールフィルムを土壌表面に敷き、太陽熱で地温を上昇させて土中の蛹を殺虫する。

キュウリ・メロン・スイカ

◆診断のポイント

発生する主なアザミウマは、ミナミキイロ、ネギアザミウマ、ミカンキイロ、ヒラズハナの四種である。図Ⅳ－8のキュウリ・メロン・スイカの診断フローチャートに従い、被害症状からアザミウマの種類を診断する。初期の被害症状はよく似ているので、ルーペなどを用いて、雌成虫の体長や体色を観察する。キュウリにおけるアザミウマ種別の加害時期は図Ⅳ－9のとおりで、作型により加害時期が異なる。

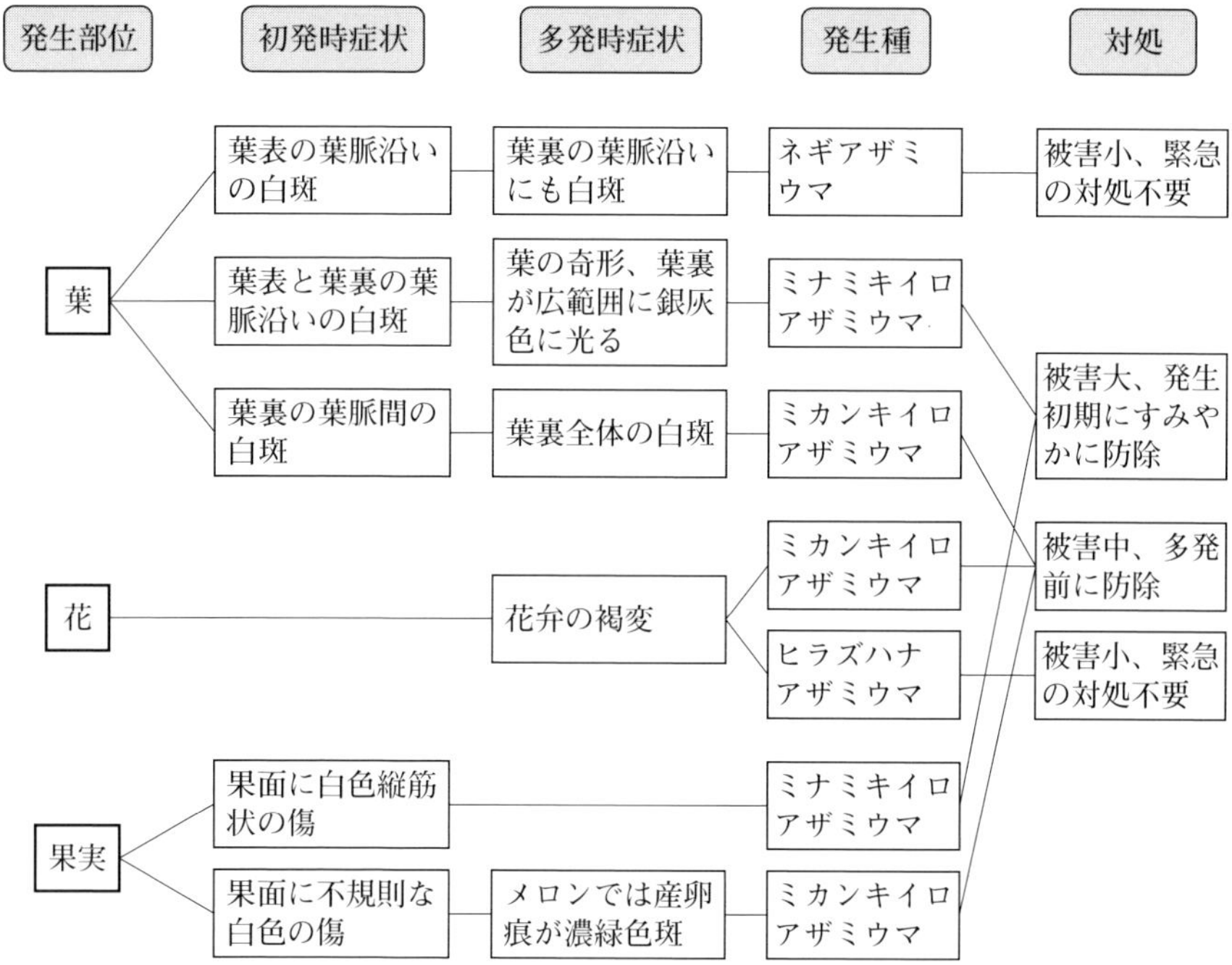

図Ⅳ-8　キュウリ・メロン・スイカ（ウリ科）の診断フローチャート

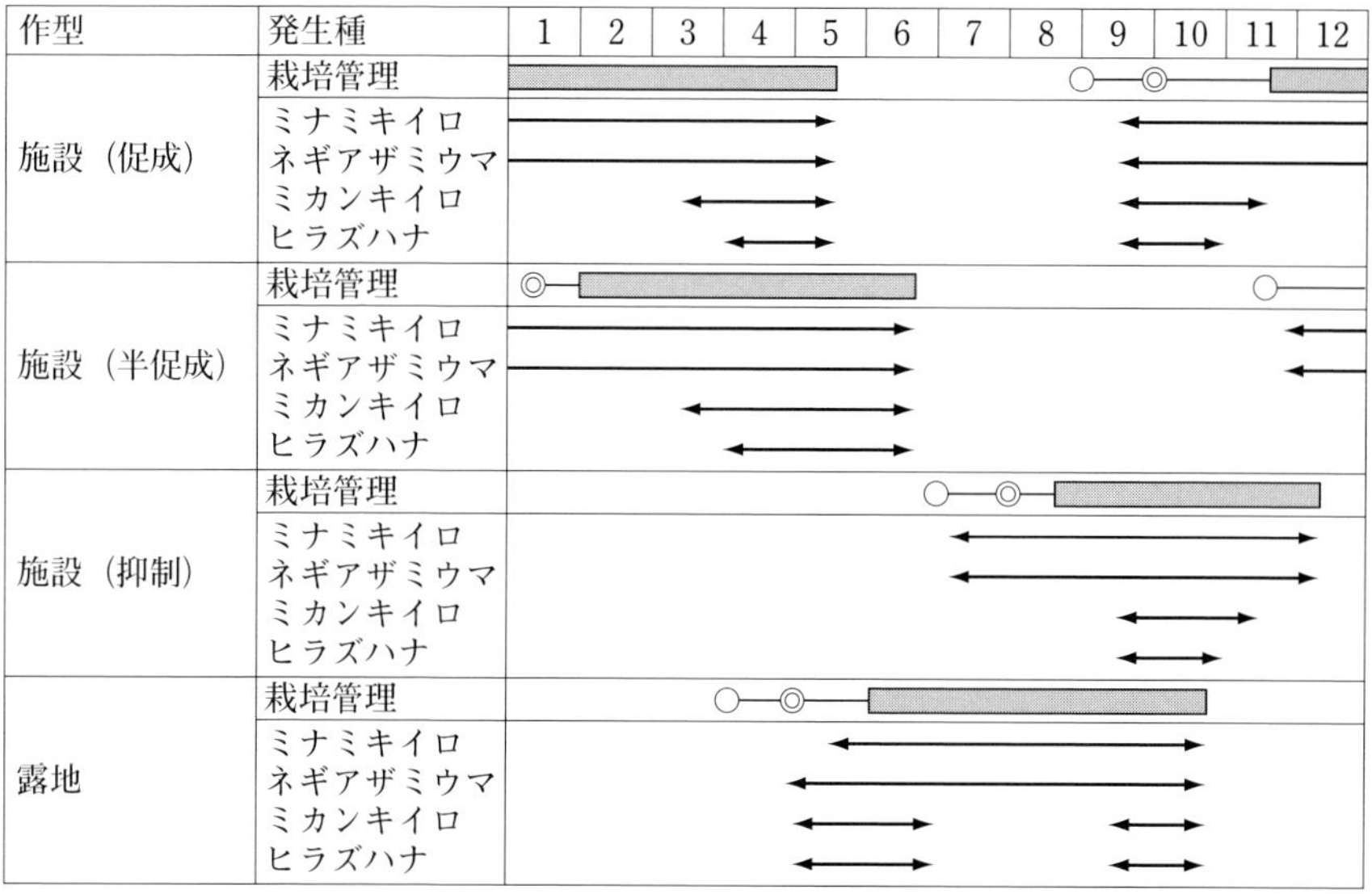

図Ⅳ-9　キュウリにおけるアザミウマの加害時期（○は播種、◎は定植、▨は収穫を示す）

◆防除の実際

施設栽培

圃場管理

隣接地の圃場や家庭菜園などでキュウリなどの作物が栽培されていると、そこがアザミウマの発生源になる。前作ではアザミウマが多発する作物を栽培せず、同一施設内ではアザミウマが発生しやすい作物を混作しない。

促成栽培では定植前の八～九月、抑制栽培では定植前の六～七月に施設内の雑草を除草して閉め切り、太陽熱により温度を上昇させてアザミウマを殺虫する。同時に、土壌表面に透明ビニールを敷くと殺虫効果が高まる。半促成栽培では、定植前の十二～一月に施設内の雑草を除草して約一カ月間閉め切り、温度を上昇させてアザミウマを羽化させ、餌のない状態で餓死させる。

育苗は、育苗専用施設を設けて行なう。定植を予定している施設内では育苗しない。

施設および育苗専用施設の天窓や側面開口部には、目合い一㎜以下の防虫ネットを展張する。赤色ネットを用いると、侵入防止効果が高くなる。

施設および育苗専用施設には紫外線カットフィルムを被覆し、アザミウマ成虫の侵入を防ぐ。なお、紫外線カットフィルムを被覆した施設内ではミツバチが飛翔しない悪影響があるため、受粉にミツバチを利用する場合には、被覆するのは育苗専用施設のみにする。

雑草はアザミウマの発生源になるので、施設の内外の雑草は定植前に除草する。

キュウリでは前作終了後から定植一五日前までに、灌水チューブなどをうね面に設置し、土壌表面をビニールなどで被覆した後、巻末の品目別農薬表キュウリ・メロン・スイカに示すキルパー（原液四〇～六〇ℓ／一〇a）を水で希釈して散布または灌水し、土中のアザミウマを殺虫して蔓延を防止する。

定植時

促成栽培では九～十月、半促成栽培では一月、抑制栽培では七～八月の育苗期後半または定植時に、巻末の農薬表に示す農薬（灌注剤または粒剤）を処理する。ミナミキイロは薬剤抵抗性が発達しているので、育苗期後半にモベントフロアブルを苗に灌注するか、育苗期後半～定植時にプリロッソ粒剤を散布する。なお、モベントフロアブルの灌注は、苗が軟弱だと葉の縮れなど薬害が生じる恐れがあるので注意する。

月	旬	栽培管理	防除対策
7	上中下	定植（下旬）	・ベリマークSC（400～800倍）の育苗期後半灌注処理 ・パイレーツ粒剤（5g/株）の株元処理 ・スワルスキー（50000頭/10a）の放飼
8	上中下	収穫（下旬～）	
9	上中下	収穫	
10	上中下	収穫	（・アファーム乳剤（2000倍）の散布）
11	上中下	収穫	
12	上中下	収穫（～上旬）	

図Ⅳ-10　施設キュウリ（無加温抑制栽培）におけるアザミウマのIPM体系例

（　　）内はミナミキイロアザミウマの発生に応じて処理

定植後はうね面をマルチし、アザミウマが土中で蛹化するのを阻止する。

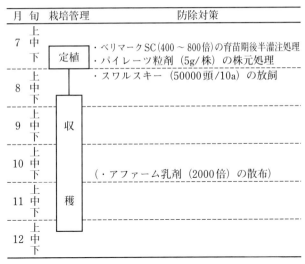

施設内に青色粘着トラップまたは青色粘着ロールシートを設置し、飛翔しているアザミウマの成虫を捕殺する。

生育初期

アザミウマの発生前～発生初期に、巻末の農薬表に示す生物農薬を使用する。アザミウマが多発してからでは効果が低いので、その場合は選択性農薬を使用してアザミウマの発生密度を低下させた後に使用する。厳寒期の使用は避け、秋期または春期の、最低温度が一五℃以上になる条件で使用する。図Ⅳ-10に、施設キュウリ（無加温抑制栽培）における生物農薬と化学合成農薬の併用によるアザミウマのIPM体系例を示した。

生育期・収穫期

アザミウマの発生がみられたら、巻末の農薬表に示す農薬をローテーション散布する。ミナミキイロは多くの殺虫剤に対して抵抗性が発達しており、現時点で有効な農薬はモベントフロアブル、アファーム乳剤、アグリメックなどに限られる。ネギアザミウマ、ミカンキイロ、ヒラズハナでは、一部のネオニコチノイド系の殺虫剤で抵抗性が発達しているので、注意が必要である。アザミウマが多発している場合には、七日間隔で二～三回の農薬散布が必要である。

ハチハチ乳剤、ハチハチフロアブルでは幼苗期に葉の奇形など薬害を生じやすいので、使用時期に注意する。コテツフロアブルは、キュウリとニガウリの幼苗期、スイカでは葉の白化や褐点などの薬害を生じやすいので、使用時期や使用量に注意する。西洋カボチャでは使用しない。ボタニガードES・水和剤は、高濃度で使用すると葉に褐色斑点を生じることがあるので、希釈倍率を厳守する。また、魚毒性や蚕毒性のある農薬は取扱いに注意する。

生物農薬を使用する場合は、生物農薬に対して悪影響の小さい選択性農薬を散布する。とくに、表Ⅳ-4（六三ページ）に示した農薬で、キュウリ、メロン、スイカに登録のある農薬の散布は控える。

収穫終了後

促成栽培および半促成栽培では、収穫終了後の五～六月に施設の開口部をすべて閉め切り、太陽熱により施設を蒸し込むことでアザミウマを殺虫する。残渣は施設外に持ち出して処分する。

露地栽培

圃場管理

隣接地、前作、混作、育苗専用施設など、圃場の管理を徹底する（施設栽培を参照）。

雑草はアザミウマの発生源になるので、圃場周辺の雑草は定植前に除草する。

定植時

四～五月の育苗期後半または定植時に、巻末の品目別農薬表に示す農薬（灌注剤または粒剤）を処理する（施設栽培を参照）。

定植後にはうね面をマルチし、アザミウマが土中で蛹化するのを阻止する。シルバーポリフィルムのマルチは、アザミウマ成虫の飛来防止に有効である。

生育初期

圃場周辺に土着天敵が集まりやすい植物（温存植物）を植え付け、土着天敵を保護して利用する。ヒメハナカメムシ類が発生する地域では、マリーゴールドやオクラなどを植え付けて、ナミヒメハナカメムシを増やす。また、タバコカスミカメが発生する地域では、ゴマを植え付けてタバコカスミカメを増やす。

生育期・収穫期

アザミウマの発生がみられたら、巻末の農薬表に示す農薬をローテーション散布する（施設栽培を参照）。

生物農薬として天敵微生物のボタニガードESを散布する。

天敵温存植物を植え付けた場合やボタニガードESを使用した場合は、土着天敵や天敵微生物ボーベリア菌に対して悪影響の小さい選択性農薬を散布する。とくに、表Ⅲ－4（六二ページ）に示した農薬で、キュウリ、メロン、スイカに登録のある農薬の散布は控える。

収穫終了後

栽培終了後の残渣は圃場外に持ち出して処分する。

タマネギ・ネギ

◆診断のポイント

発生する主なアザミウマは、ネギアザミウマ、ミカンキイロ、ヒラズハナの三種である。図Ⅳ－11のタマネギ・ネギの診断フローチャートに従い、被害症状からアザミウマの種類を診断する。初期の被害症状はよく似ているので、ルーペなどを用いて、雌成虫の体長や体色を観察する。アザミウマ種別の加害時期は図Ⅳ－12のとおりで、作型により加害時期が異なる。

◆防除の実際

露地栽培

圃場管理

隣接地の圃場や家庭菜園などでタマネギ、ネギなどの作物が栽培されていると、そこがアザミウマの発生源になる。前作ではアザミウマが多発する作物を栽培せず、圃場内では、アザミウマが発生しやすい作物を混作しない。

育苗は、育苗専用施設または育苗専用の畑を設けて行なう。育苗専用施設の天窓や側面開口部には、目合い一㎜以下の防虫ネットを展張する。赤色ネットを用いると、侵入防止効果が高くなる。また、育苗専用の畑は防虫ネットでトンネルがけする。

育苗専用施設には紫外線カットフィルムを被覆し、アザミウマ成虫の侵入を防ぐ。

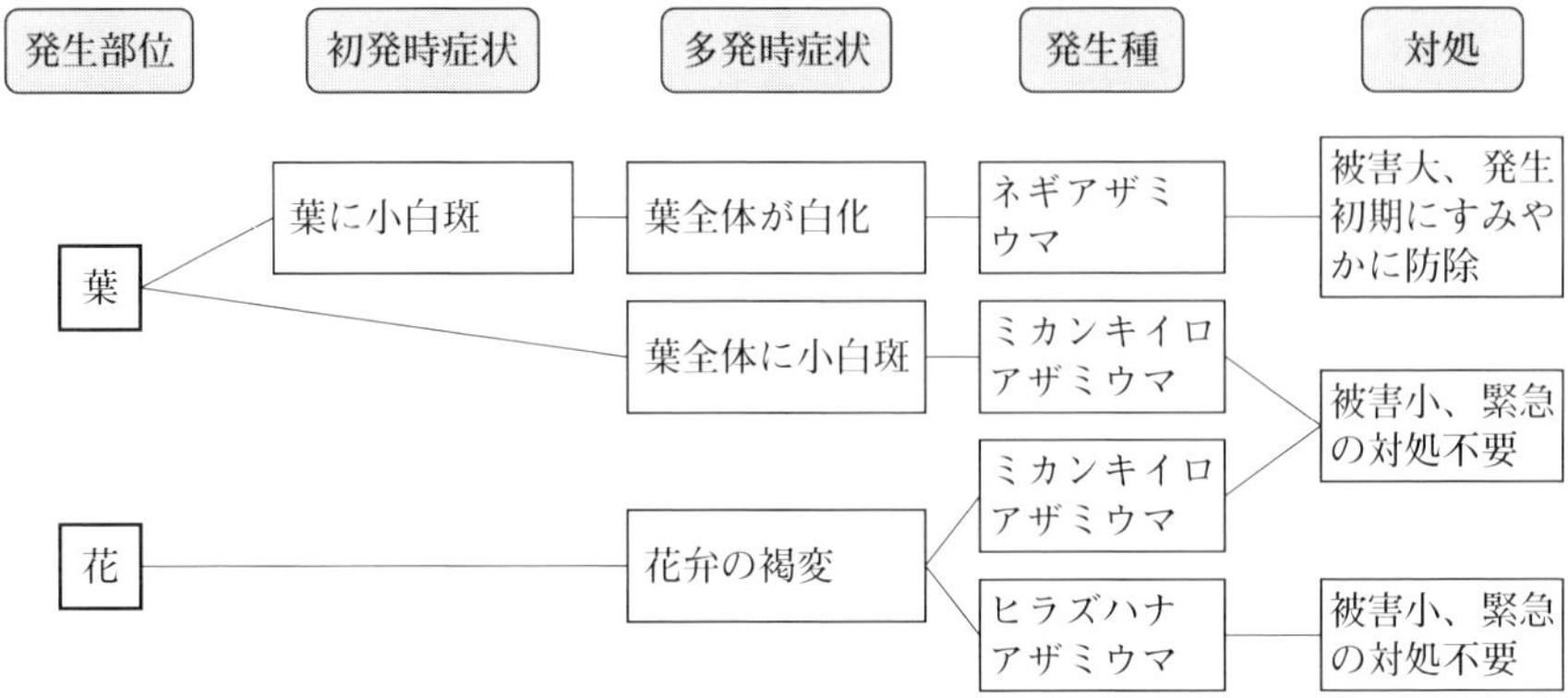

図Ⅳ-11　タマネギ・ネギ（ユリ科）の診断フローチャート

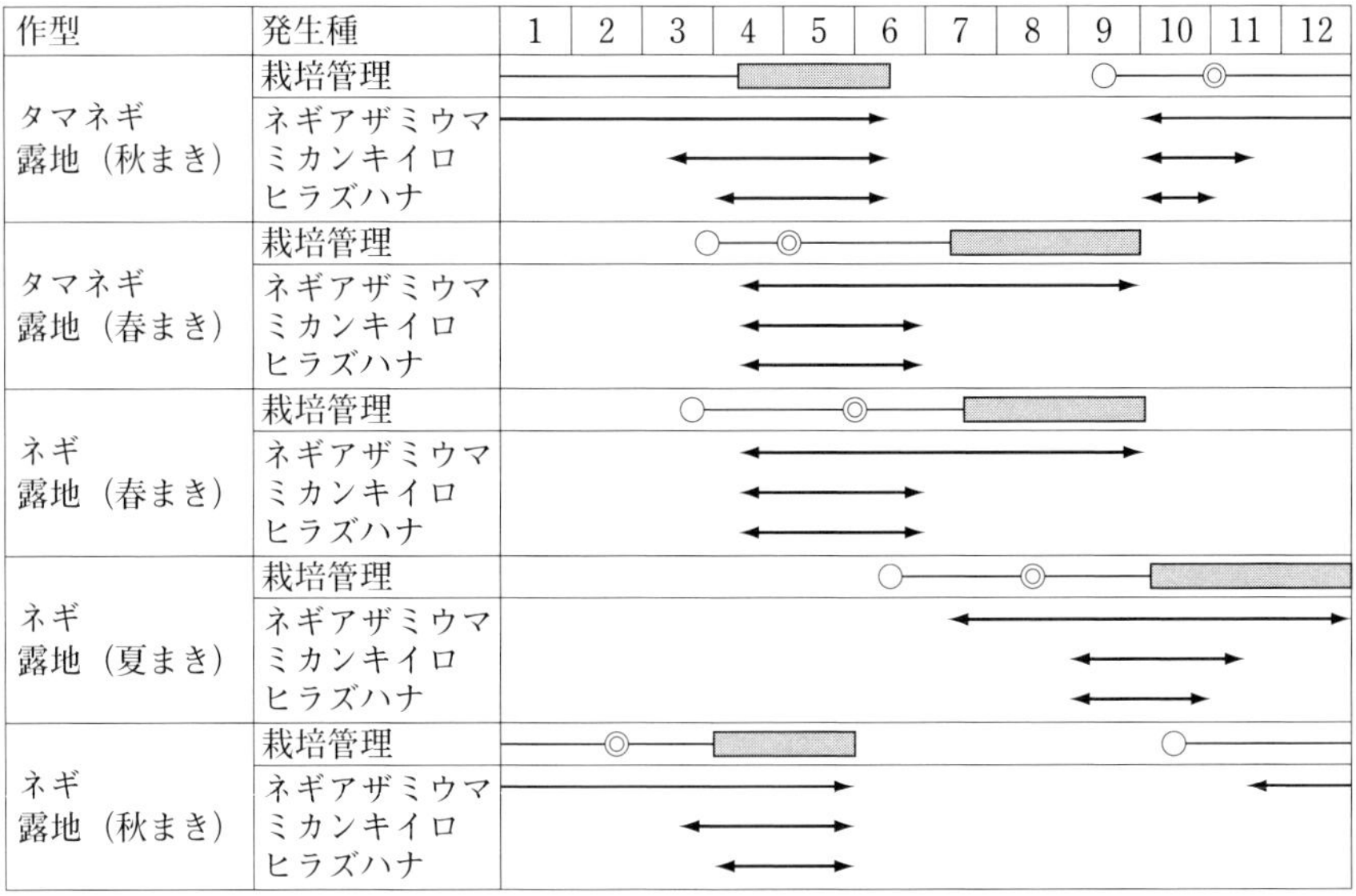

図Ⅳ-12　タマネギ・ネギにおけるアザミウマの加害時期
（○は播種、◎は定植、■は収穫を示す）

雑草はアザミウマの発生源になるので、施設の内外の雑草は定植前に除草する。

播種時・定植時

定植前後にはうね面をマルチし、アザミウマが土中で蛹化するのを阻止する。シルバーポリフィルムのマルチは、アザミウマ成虫の飛来防止に有効である。

ネギでは播種時または定植時に、巻末の品目別農薬表タマネギ・ネギに示す農薬（灌注剤または粒剤）を処理する。

生育初期

圃場周辺に土着天敵が集まりやすい植物（温存植物）を植え付け、土着天敵を保護して利用する。ヒメハナカメムシ類が発生する地域では、マリーゴールドやオクラなどを植え付けて、ナミヒメハナカメムシを増やす。カブリダニ類が発生する地域では、オオムギのリビングマルチにより、捕食性天敵のカブリダニ類を増やす。

生育期・収穫期

アザミウマの発生がみられたら、巻末の農薬表に示す農薬をローテーション散布する。ネギアザミウマとミカンキイロでは、一部のピレスロイド系およびネオニコチノイド系の殺虫剤、ヒラズハナでは一部のネオニコチノイド系の殺虫剤で抵抗性が発達しているので、注意が必要である。アザミウマが多発している場合には、七日間隔で二～三回の農薬散布が必要である。魚毒性や蚕毒性のある農薬は取扱いに注意する。

生物農薬を使用する場合は、天敵微生物のボタニガードESを散布する。

天敵温存植物を植え付けた場合やボタニガードESを使用した場合は、土着天敵や天敵微生物ボーベリア菌に対して悪影響の小さい選択性農薬を散布する。とくに、表Ⅲ-4（六三ページ）に示した農薬で、タマネギ、ネギに登録のある農薬の散布は控える。

収穫終了後

栽培終了後の残渣は、圃場外に持ち出して処分する。秋まき栽培では栽培終了後の六～七月、春まき栽培では栽培終了後の十月に透明ビニールフィルムを土壌表面に敷き、太陽熱で地温を上昇させて土中の蛹を殺虫する。

アスパラガス

◆診断のポイント

発生する主なアザミウマはネギアザミウマで、図Ⅳ-13のアスパラガスの診断フローチャートに従い診断する。ネギアザミウマの加害時期は図Ⅳ-14のとおりで、作型により加害時期が異なる。

◆防除の実際

施設栽培

圃場管理

隣接地の圃場や家庭菜園などでアスパラガスなどの作物が栽培されていると、そこがアザミウマの発生源になる。前作にはアザミウマが多発する作物を栽培しないようにし、同一施設内ではアザミウマが発生しやすい作物を混作しない。

伏込み促成栽培では、定植前の四月に施設内の雑草を除草して閉め切り、太陽熱により温度を上昇させてアザミウマを殺虫する。同時に、土壌表面に透明ビニールを敷くと効果が高まる。

育苗は、育苗専用施設を設けて行なう。定植を予定している施設内では育苗しない。

施設および育苗専用施設の天窓や側面開口部には、目合い一㎜以下の防虫ネットを展張する。赤色ネットを用いると、侵入防止効果が高くなる。

発生部位	初発時症状	多発時症状	発生種	対処
葉・茎	一部に小白斑	全体が白化	ネギアザミウマ	被害大、発生初期にすみやかに防除

図Ⅳ-13　アスパラガス（ユリ科）の診断フローチャート

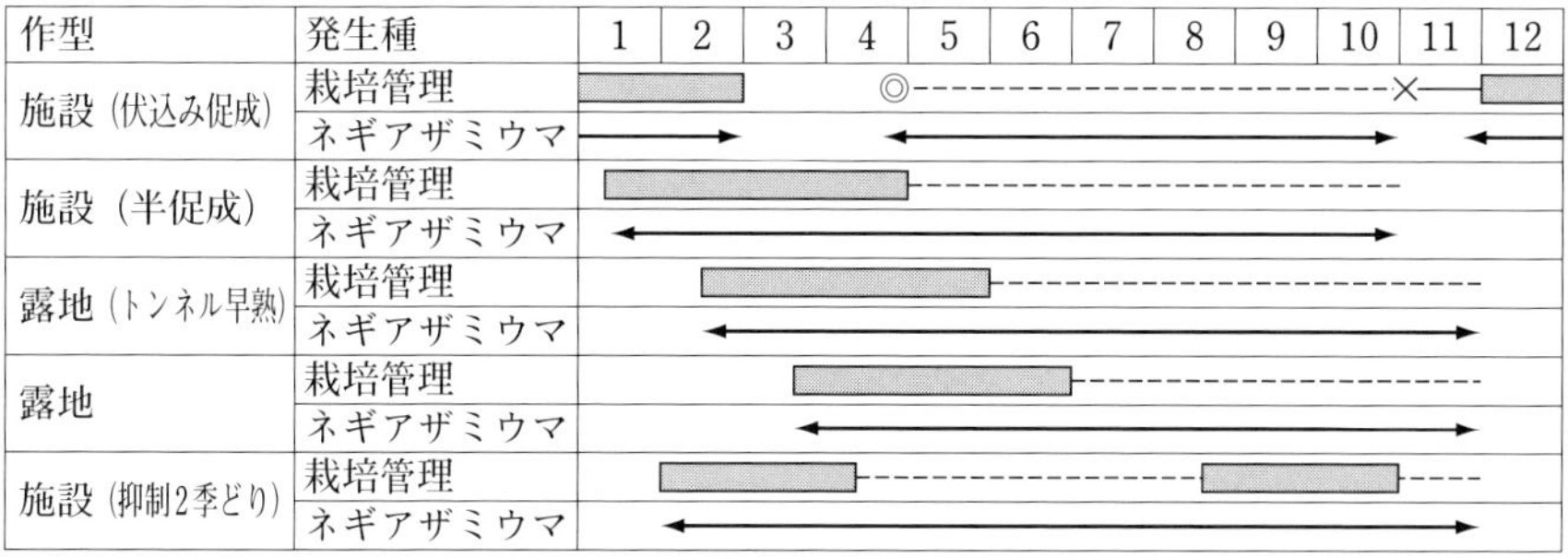

図Ⅳ-14　アスパラガスにおけるアザミウマの加害時期
（◎は定植、×は伏込み、点線は株養生、▨は収穫を示す）

施設および育苗専用施設には紫外線カットフィルムを被覆し、アザミウマ成虫の侵入を防ぐ。

雑草はアザミウマの発生源になるので、施設の内外の雑草は定植前に除草する。

株養成初期

定植前後はうね面をマルチし、アザミウマが土中で蛹化するのを阻止する。

施設内に青色粘着トラップまたは青色粘着ロールシートを設置し、飛翔しているアザミウマの成虫を捕殺する。

アザミウマの発生前～発生初期に、巻末の品目別農薬表アスパラガスに示す生物農薬を使用する。アザミウマが多発してからでは効果が低いので、その場合は選択性農薬を使用してアザミウマの発生密度を低下させた後に使用する。厳寒期の使用は避け、秋期または春期の、最低温度が一五℃以上になる条件で使用する。

株養成期・収穫期

アザミウマの発生がみられたら、巻末の農薬表に示す農薬をローテーション散布する。ネギアザミウマは一部のネオニコチノイド系の殺虫剤で抵抗性が発達しているので、注意が必要である。アザミウマが多発している場合には、七日間隔で二～三回の農薬散布が必要である。また、魚毒性や蚕毒性のある農薬は取扱いに注意する。

生物農薬を使用する場合は、生物農薬に対して悪影響の小さい選択性農薬を散布する。とくに、表Ⅲ-4（六三ページ）に示した農薬で、アスパラガスに登録のある農薬の散布は控える。

収穫終了後

栽培を完全に終了する場合には、収

穫終了後の三～五月に施設の開口部をすべて閉め切り、太陽熱により施設を蒸し込むことでアザミウマを殺虫する。残渣は施設外に持ち出して処分する。

露地栽培

圃場管理

隣接地、前作、混作、育苗専用施設など、圃場の管理を徹底する（施設栽培を参照）。

雑草はアザミウマの発生源になるので、圃場周辺の雑草は定植前に除草する。

株養成初期

定植前後はうね面をマルチし、アザミウマが土中で蛹化するのを阻止する。シルバーポリフィルムのマルチは、アザミウマ成虫の飛来防止に有効である。

圃場周辺に土着天敵が集まりやすい植物（温存植物）を植え付け、土着天敵を保護して利用する。ヒメハナカメムシ類が発生する地域では、マリーゴールドやオクラなどを植え付けて、ナミヒメハナカメムシを増やす。

株養成期・収穫期

アザミウマの発生がみられたら、巻末の農薬表に示す農薬をローテーション散布する（施設栽培を参照）。

生物農薬として天敵微生物のボタニガードESを散布する。

天敵温存植物を植え付けた場合やボタニガードESを散布した場合は、土着天敵や天敵微生物ボーベリア菌に対して悪影響の小さい選択性農薬を散布する。とくに、表Ⅲ-4（六三ページ）に示した農薬で、アスパラガスに登録のある農薬の散布は控える。

収穫終了後

栽培を完全に終了する場合には、収穫終了後の六～七月に残渣は圃場外に持ち出して処分し、透明ビニールフィルムを土壌表面に敷き、太陽熱で地温を上昇させて土中の蛹を殺虫する。

イチゴ

◆診断のポイント

発生する主なアザミウマは、ミカンキイロ、ヒラズハナ、ネギアザミウマ、チャノキイロの四種である。図Ⅳ－15のイチゴの診断フローチャートに従い、被害症状からアザミウマの種類を診断する。初期の被害症状はよく似ているので、ルーペなどを用いて、雌成虫の体長や体色を観察する。アザミウマ種別の加害時期は図Ⅳ－16のとおりで、作型により加害時期が異なる。

◆防除の実際

施設栽培

圃場管理

隣接地の圃場や家庭菜園などでイチゴなどの作物が栽培されていると、そこがアザミウマの発生源になる。前作にはアザミウマが多発する作物を栽培しないようにし、同一施設内ではアザミウマが発生しやすい作物を混作しない。

促成栽培では定植前の八月、半促成栽培では定植前の九～十月に、施設内の雑草を除草して閉め切り、太陽熱により温度を上昇させてアザミウマを殺虫する。土耕栽培では、同時に土壌表面に透明ビニールを敷くと効果が高まる。

育苗は、育苗専用施設を設けて行なう。定植を予定している施設内では育苗しない。

施設および育苗専用施設の天窓や側面開口部には、目合い一㎜以下の防虫ネットを展張する。赤色ネットを用いると、侵入防止効果が高くなる。

育苗専用施設には紫外線カットフィルムを被覆し、アザミウマ成虫の侵入を防ぐ。なお、紫外線カットフィルムを被覆した施設では、受粉用のミツバチが飛翔しないなどの悪影響があるため、育苗専用施設のみに被覆する。

雑草はアザミウマの発生源になるので、施設の内外の雑草は定植前に除草する。

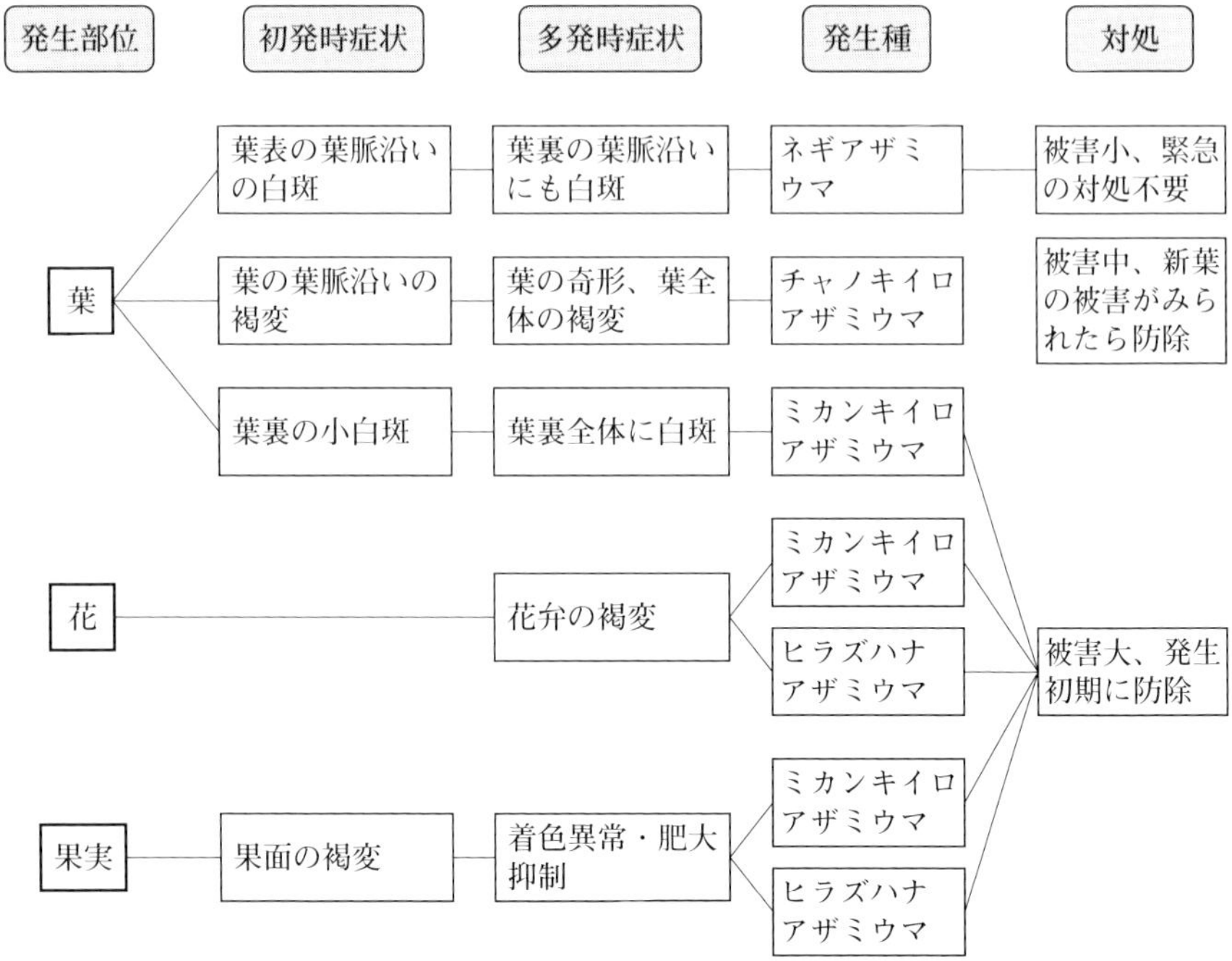

図Ⅳ−15　イチゴ（バラ科）の診断フローチャート

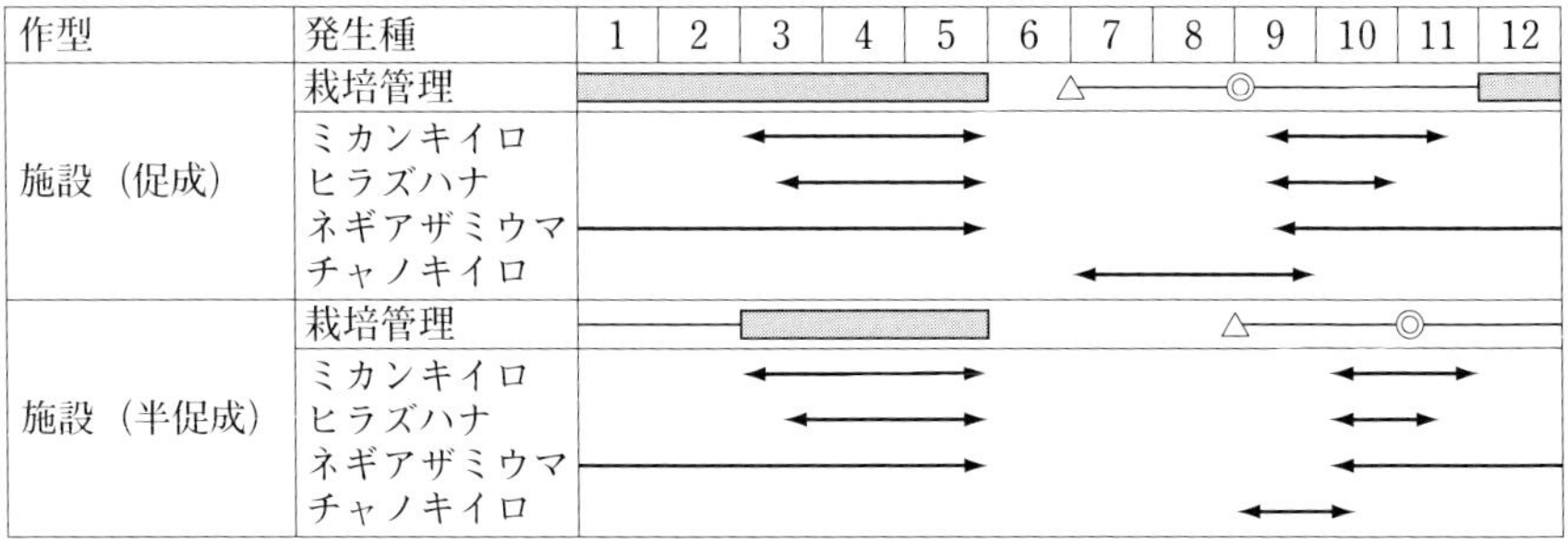

図Ⅳ−16　イチゴにおけるアザミウマの加害時期
（△は仮植、◎は定植、■は収穫を示す）

定植時

定植前後はうね面をマルチし、アザミウマが土中で蛹化するのを阻止する。

促成栽培では八～九月、半促成栽培では十～十一月の育苗期後半に、モベントフロアブルを処理する。なお、苗が軟弱だと、灌注によって葉の縮れなど薬害が生じる恐れがあるので注意する。

施設内に、青色または黄色の粘着トラップまたは粘着ロールシートを設置し、飛翔しているアザミウマの成虫を捕殺する。

生育初期

アザミウマの発生前～発生初期に、巻末の品目別農薬表イチゴに示す生物農薬を使用する。アザミウマが多発してからでは効果が低いので、その場合は選択性農薬を使用してアザミウマの発生密度を低下させた後に使用する。厳寒期の使用は避け、秋期または春期の、最低温度が一五℃以上になる条件で使用する。

生育期・収穫期

アザミウマの発生がみられたら、巻末の農薬表に示す農薬をローテーション散布する。ミカンキイロ、ヒラズハナ、ネギアザミウマには、一部のネオニコチノイド系の殺虫剤に対して抵抗性が発達しているので、注意が必要である。アザミウマが多発している場合には、七日間隔で二～三回の農薬散布が必要である。また、魚毒性や蚕毒性のある農薬は取扱いに注意する。

生物農薬を使用する場合は、生物農薬に対して悪影響の小さい選択性農薬を散布する。とくに、表Ⅲ-4（六三ページ）に示した農薬で、イチゴに登録のある農薬の散布は控える。ミツバチに対して、コテツフロアブルは散布後一四日間、ディアナSC、スピノエース顆粒水和剤、ハチハチフロアブルは五日間、悪影響がある。その他の農薬では、散布翌日から導入が可能である。

収穫終了後

収穫終了後の六月には施設の開口部をすべて閉め切り、太陽熱により施設を蒸し込むことで、アザミウマを殺虫する。残渣は施設外に持ち出して処分する。

キャベツ・ハクサイ・ブロッコリー

◆診断のポイント

発生する主なアザミウマはネギアザミウマで、図Ⅳ-17のキャベツ・ハクサイ・ブロッコリーの診断フローチャートに従い診断する。ネギアザミウマの加害時期は図Ⅳ-18のとおりで、作型により加害時期が異なる。

◆防除の実際

露地栽培

圃場管理

隣接地の圃場や家庭菜園などでキャベツ、ハクサイ、ブロッコリーなどの作物が栽培されていると、そこがアザミウマの発生源になる。前作にはアザミウマが多発する作物を栽培しないようにし、隣接圃場内ではアザミウマが発生しやすい作物を混作しない。

育苗は、育苗専用施設または育苗専用の畑を設けて行なう。育苗専用施設の天窓や側面開口部には、目合い一mm以下の防虫ネットを展張する。赤色ネットを用いると侵入防止効果が高くなる。また、育苗専用の畑は、防虫ネットでトンネルがけする。育苗専用施設には紫外線カットフィルムを被覆し、アザミウマ成虫の侵入を防ぐ。

雑草はアザミウマの発生源になるので、圃場周辺の内外の雑草は定植前に除草する。

発生部位	初発時症状	多発時症状	発生種	対処
葉	葉裏に小褐色斑	葉が巻き込み、葉裏全体が褐変してシルバリング症状	ネギアザミウマ	被害中、多発前に防除

図Ⅳ-17　キャベツ・ハクサイ・ブロッコリー（アブラナ科）の診断フローチャート

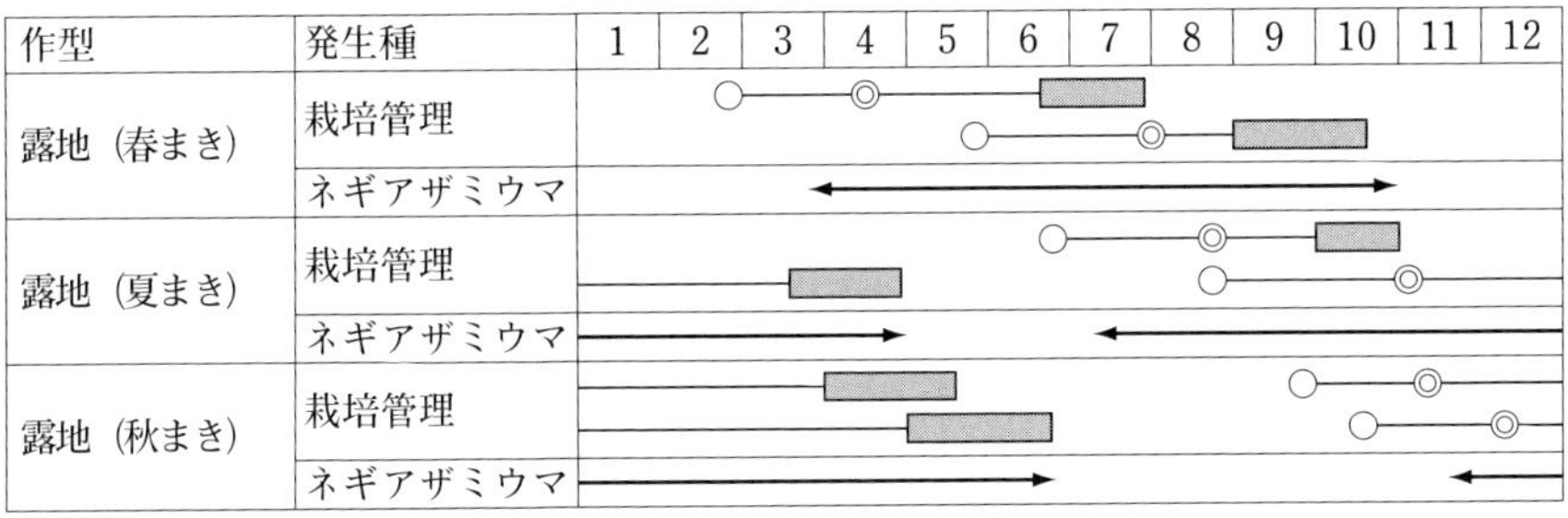

図Ⅳ-18　キャベツにおけるアザミウマの加害時期
（○は播種、◎は定植、▩は収穫を示す）

播種時・定植時

定植前後にはうね面をマルチし、アザミウマが土中で蛹化するのを阻止する。シルバーポリフィルムのマルチは、アザミウマ成虫の飛来防止に有効である。

キャベツ・ブロッコリーでは、播種時または定植時に巻末の品目別農薬表キャベツ・ハクサイ・ブロッコリーに示す農薬（灌注剤または粒剤）を処理する。

生育初期

圃場周辺に土着天敵が集まりやすい植物（温存植物）を植え付け、土着天敵を保護して利用する。ヒメハナカメムシ類が発生する地域では、マリーゴールドやオクラなどを植え付けて、ナミヒメハナカメムシを増やす。カブリダニ類が発生する地域では、オオムギのリビングマルチにより、捕食性天敵のカブリダニ類を増やす。

生育期・収穫期

アザミウマの発生がみられたら、巻末の農薬表に示す農薬をローテーション散布する。ネギアザミウマには、一部のネオニコチノイド系の殺虫剤で抵抗性が発達しているので、注意が必要である。アザミウマが多発している場合には、七日間隔で二〜三回の農薬散布が必要である。

生物農薬として、天敵微生物のボタニガードESを散布する。

ハチハチ乳剤、ハチハチフロアブルは、幼苗期に葉の葉縁部壊死など薬害を生じやすいので、使用時期に注意する。ボタニガードESは、高濃度で使用するとキャベツの葉に褐色斑点を生じることがあるので、希釈倍率を厳守する。また、魚毒性や蚕毒性のある農薬は取扱いに注意する。

天敵温存植物を植え付けた場合やボタニガードESを使用した場合は、土着天敵や天敵微生物ボーベリア菌に対して悪影響の小さい選択性農薬を散布する。とくに、表Ⅲ-4（六三ページ）に示した農薬で、キャベツ、ハクサイ、ブロッコリーに登録のある農薬の散布は控える。

収穫終了後

栽培終了後の残渣は、圃場外に持ち出して処分する。秋まき栽培では栽培終了後の五～七月、春まき栽培では栽培終了後の八～十月に透明ビニールフィルムを土壌表面に敷き、太陽熱で地温を上昇させて土中の蛹を殺虫する。

レタス

◆診断のポイント

発生する主なアザミウマは、ネギアザミウマ、ミカンキイロ、ヒラズハナで、図Ⅳ-19のレタスの診断フローチャートに従い診断する。初期の被害症状はよく似ているので、ルーペなどを用いて、雌成虫の体長や体色を観察する。アザミウマ種別の加害時期は図Ⅳ-20のとおりで、作型により加害時期が異なる。

◆防除の実際

露地栽培

圃場管理

隣接地の圃場や家庭菜園などでレタスなどの作物が栽培されていると、そこがアザミウマの発生源になる。前作にはアザミウマが多発する作物を栽培しないようにし、圃場内ではアザミウマが発生しやすい作物を混作しない。

育苗は、育苗専用施設または育苗専用の畑を設けて行なう。育苗専用施設の天窓や側面開口部には、目合い一㎜以下の防虫ネットを展張する。赤色ネットを用いると侵入防止効果が高く

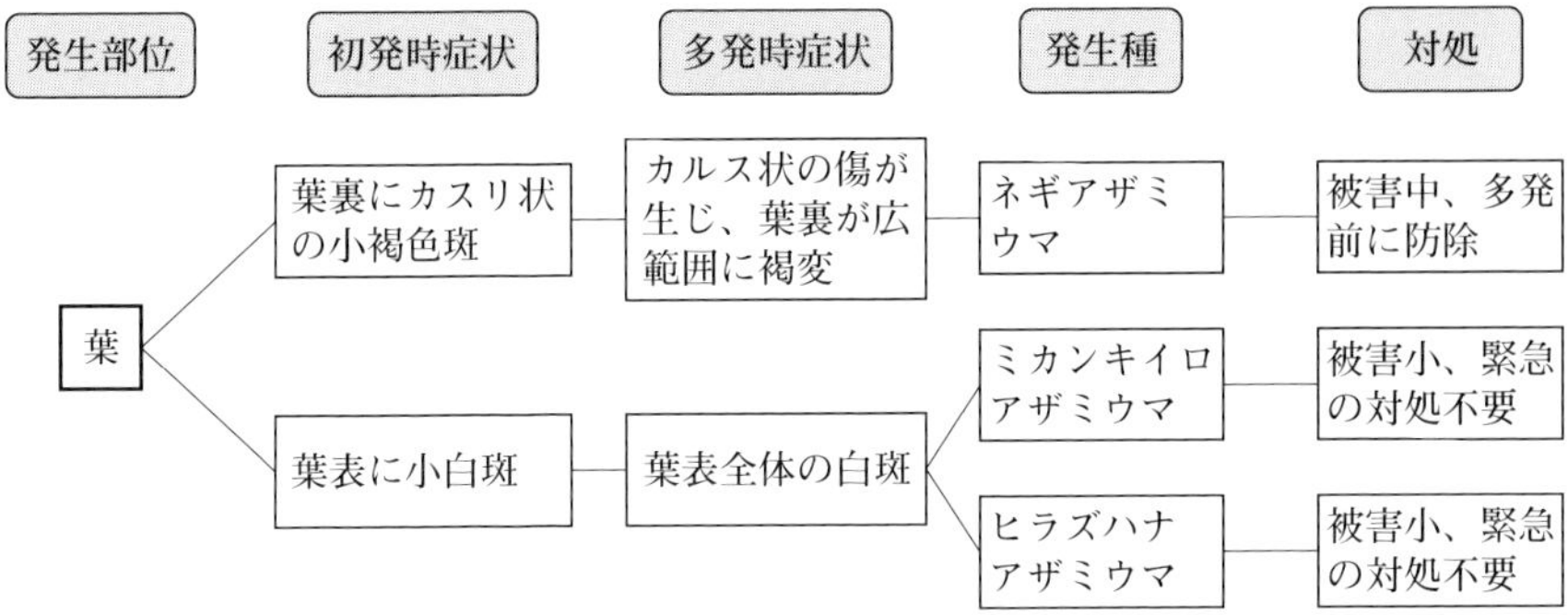

図Ⅳ-19　レタス（キク科）の診断フローチャート

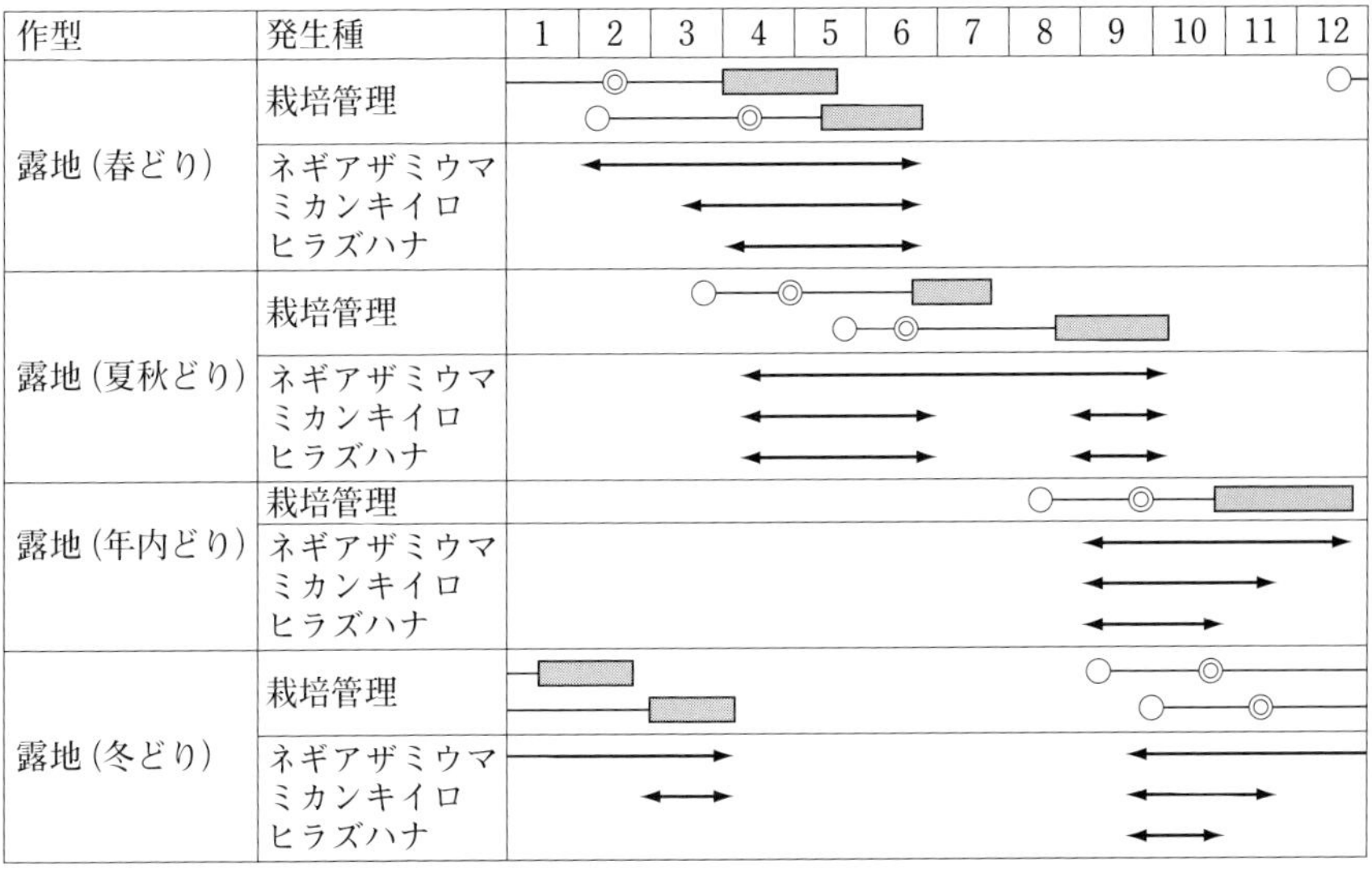

図Ⅳ-20　レタスにおけるアザミウマの加害時期

（○は播種、◎は定植、▩は収穫を示す）

なる。また、育苗専用の畑は防虫ネットでトンネルがけする。育苗専用施設には紫外線カットフィルムを被覆し、アザミウマ成虫の侵入を防ぐ。

雑草はアザミウマの発生源になるので、施設の内外の雑草は定植前に除草する。

定植時

定植前後にはうね面をマルチし、アザミウマが土中で蛹化するのを阻止する。シルバーポリフィルムのマルチは、アザミウマ成虫の飛来防止に有効である。

レタスにはアザミウマ類に対する登録農薬はない。アブラムシ類やナモグリバエに対して登録のあるスタークル／アルバリン顆粒水溶剤、スタークル／アルバリン粒剤などを、育苗期後半または定植時に処理する。

生育初期

圃場周辺に土着天敵が集まりやすい植物（温存植物）を植え付け、土着天敵を保護して利用する。ヒメハナカメムシ類が発生する地域では、マリーゴールドやオクラなどを植え付けて、ナミヒメハナカメムシを増やす。カブリダニ類が発生する地域では、オオムギのリビングマルチにより、捕食性天敵のカブリダニ類を増やす。

生育期・収穫期

レタスにはアザミウマ類に対して登録されている農薬はない。アブラムシ類、オオタバコガ、ハスモンヨトウ、ハモグリバエ類などに登録のあるアファーム乳剤、ディアナSC、スピノエース顆粒水和剤、プレオフロアブルなどをローテーション散布する。魚毒性や蚕毒性のある農薬は、取扱いに注意する。

生物農薬として天敵微生物のボタニガードESを散布する。

天敵温存植物を植え付けた場合やボタニガードESを使用した場合は、土着天敵や天敵微生物ボーベリア菌に対して悪影響の小さい選択性農薬を散布する。とくに、表Ⅲ-4（六三ページ）に示した農薬で、レタスに登録のある農薬の散布は控える。

収穫終了後

栽培終了後の残渣は、圃場外に持ち出して処分する。春どり栽培では栽培終了後の六～七月、夏秋どり栽培では栽培終了後の七～十月に透明ビニールフィルムを土壌表面に敷き、太陽熱で地温を上昇させて土中の蛹を殺虫する。

シュンギク

◆診断のポイント

発生する主なアザミウマは、ミナミキイロ、ネギアザミウマ、ミカンキイロ、ヒラズハナの四種である。図Ⅳ-21のシュンギクの診断フローチャー

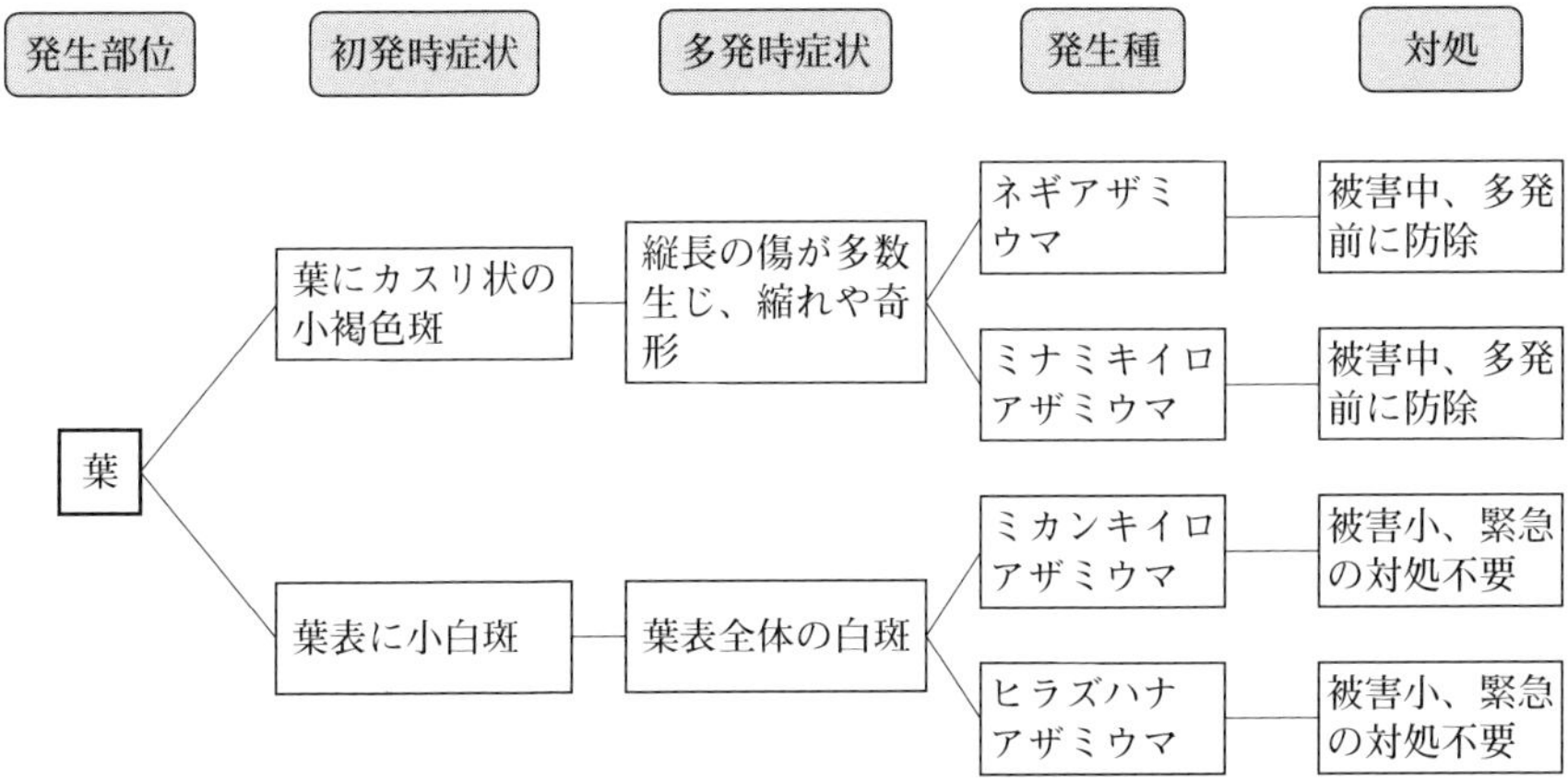

図Ⅳ-21　シュンギク（キク科）の診断フローチャート

トに従い、被害症状からアザミウマの種類を診断する。初期の被害症状はよく似ているので、ルーペなどを用いて、雌成虫の体長や体色を観察する。アザミウマ種別の加害時期は図Ⅳ-22のとおりで、作型により加害時期が異なる。

◆防除の実際

施設栽培

圃場管理

隣接地の圃場や家庭菜園などでシュンギクなどの作物が栽培されていると、そこがアザミウマの発生源になる。前作ではアザミウマが多発する作物を栽培しないようにし、同一施設内ではアザミウマが発生しやすい作物を混作しない。

夏まき栽培では播種または定植前の六～八月、秋まき栽培では播種または定植前の八～十月に施設内の雑草を除草して閉め切り、太陽熱により温度を上昇させて、アザミウマを殺虫する。同時に土壌表面に透明ビニールを敷くと効果が高まる。冬まき栽培では、播種前の一月に施設内の雑草を除草して約一カ月間閉め切り、温度を上昇させてアザミウマを羽化させ、餌のない状態において餓死させる。

育苗は、育苗専用施設を設けて行なう。定植を予定している施設内では育苗しない。

施設および育苗専用施設の天窓や側面開口部には、目合い一㎜以下の防虫ネットを展張する。赤色ネットを用いると侵入防止効果が高くなる。

施設および育苗専用施設には紫外線カットフィルムを被覆し、アザミウマ成虫の侵入を防ぐ。

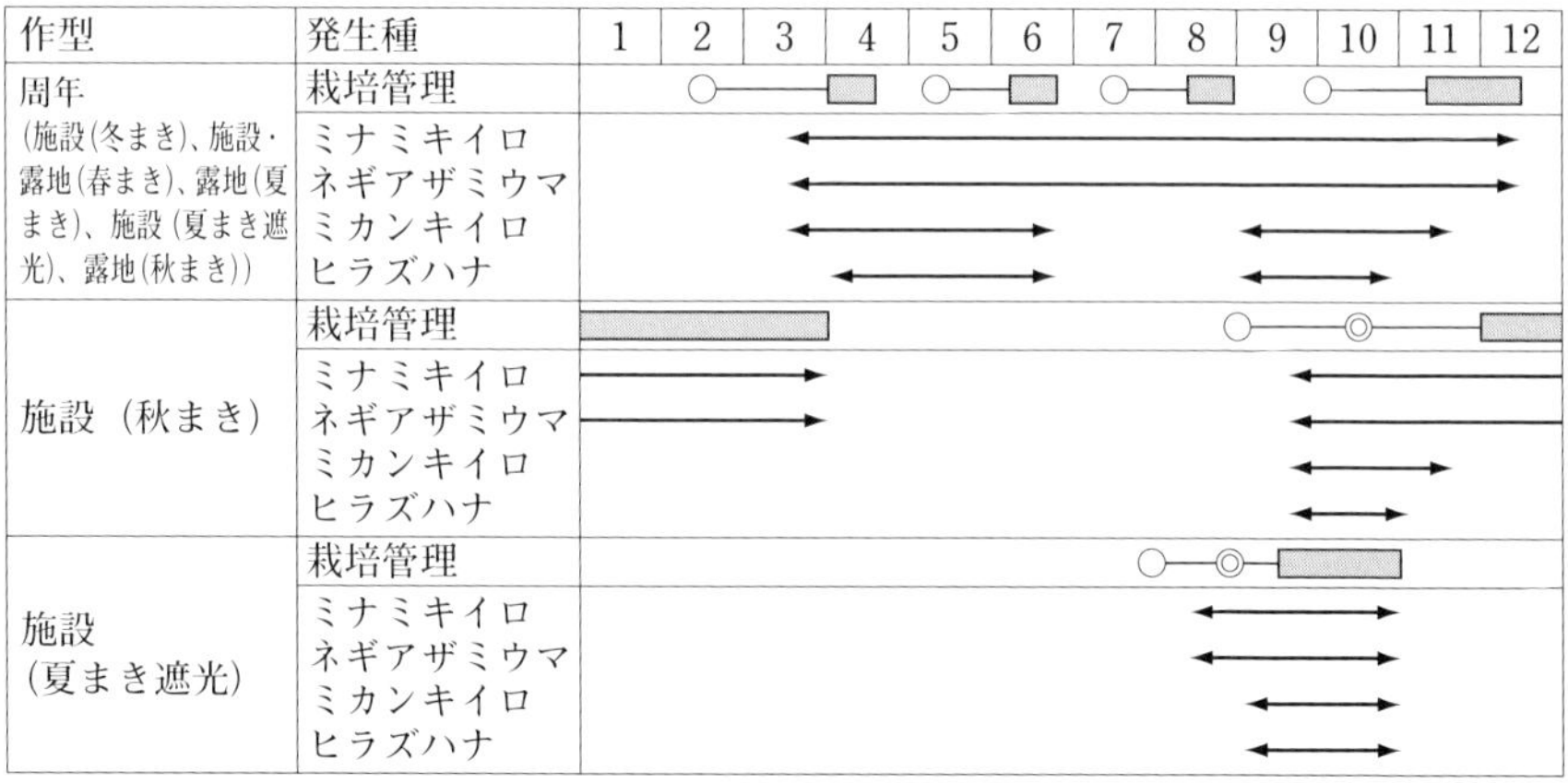

図Ⅳ−22　シュンギクにおけるアザミウマの加害時期（○は播種、◎は定植、▨は収穫を示す）

雑草はアザミウマの発生源になるので、施設の内外の雑草は定植前に除草する。

播種時・定植時

施設内に青色粘着トラップまたは青色粘着ロールシートを設置し、飛翔しているアザミウマの成虫を捕殺する。

生育初期

アザミウマの発生前〜発生初期に、巻末の品目別農薬表シュンギクに示す生物農薬を使用する。アザミウマが多発してからでは効果が低いので、その場合は選択性農薬を使用してアザミウマの発生密度を低下させた後に使用する。厳寒期の使用は避け、秋期または春期の、最低温度が一五℃以上になる条件で使用する。

生育期・収穫期

アザミウマの発生がみられたら、巻末の農薬表に示す農薬を散布する。ミナミキイロには、カスケード剤に抵抗性が発達している可能性があるので、注意が必要である。アザミウマが多発している場合には、七日間隔で二回の農薬散布が必要である。魚毒性や蚕毒性のある農薬は、取扱いに注意する。

生物農薬を使用する場合は、生物農薬に対して悪影響の小さい選択性農薬を散布する。とくに、表Ⅲ-4（六三ページ）に示した農薬で、シュンギクに登録のある農薬の散布は控える。

収穫終了後

収穫終了後の五〜十月には施設の開口部をすべて閉め切り、太陽熱により施設を蒸し込むことで、アザミウマを殺虫する。残渣は施設外に持ち出して処分する。

露地栽培

圃場管理

隣接地、前作、混作、育苗専用施設など、圃場の管理を徹底する(施設栽培を参照)。

雑草はアザミウマの発生源になるので、圃場周辺の雑草は定植前に除草する。

生育初期

圃場周辺に土着天敵が集まりやすい植物(温存植物)を植え付け、土着天敵を保護して利用する。ヒメハナカメムシ類が発生する地域では、マリーゴールドやオクラなどを植え付けて、ナミヒメハナカメムシを増やす。

生育期・収穫期

アザミウマの発生がみられたら、巻末の農薬表に示す農薬を散布する(施設栽培を参照)。

生物農薬として、天敵微生物のボタニガードESを散布する。

天敵温存植物を植え付けた場合やボタニガードESを使用した場合は、土着天敵や天敵微生物ボーベリア菌に対して悪影響の小さい選択性農薬を散布する。とくに、表Ⅲ-4(六三ページ)に示した農薬で、シュンギクに登録のある農薬の散布は控える。

収穫終了後

栽培終了後の残渣は、圃場外に持ち出して処分する。春まき栽培では栽培終了後の六～七月、夏まき栽培では栽培終了後の九月に透明ビニールフィルムを土壌表面に敷き、太陽熱で地温を上昇させて土中の蛹を殺虫する。

ホウレンソウ

◆診断のポイント

発生する主なアザミウマは、ミナミキイロ、ネギアザミウマ、ミカンキイロ、ヒラズハナの四種である。図Ⅳ-23のホウレンソウの診断フローチャートに従い、被害症状からアザミウマの種類を診断する。初期の被害症状はよく似ているので、ルーペなどを用いて、雌成虫の体長や体色を観察する。アザミウマ種別の加害時期は図Ⅳ-24のとおりで、作型により加害時期が異なる。

◆防除の実際

施設栽培

圃場管理

隣接地の圃場や家庭菜園などでホウレンソウなどの作物が栽培されていると、そこがアザミウマの発生源になる。前作ではアザミウマが多発する作物を栽培しないようにし、同一施設内ではアザミウマが発生しやすい作物を混作しない。

夏まき栽培では播種前の六～八月、秋まき栽培では播種前の八～九月に施設内の雑草を除草して閉め切り、太陽熱により温度を上昇させて、アザミウマを殺虫する。同時に土壌表面に透明ビニールを敷くと効果が高まる。冬まき栽培では播種前の十二月、春まき栽培では播種前の二～四月に、施設内の雑草を除草して約一カ月間閉め切り、温度を上昇させてアザミウマを羽化させ、餌のない状態において餓死させる。

施設の天窓や側面開口部には、目合い一㎜以下の防虫ネットを展張する。赤色ネットを用いると侵入防止効果が高くなる。

施設には紫外線カットフィルムを被覆し、アザミウマ成虫の侵入を防ぐ。雑草はアザミウマの発生源になるので、施設の内外の雑草は播種前に除草する。

播種時・発芽揃時

播種時または発芽揃時に、巻末の品目別農薬表ホウレンソウに示す農薬

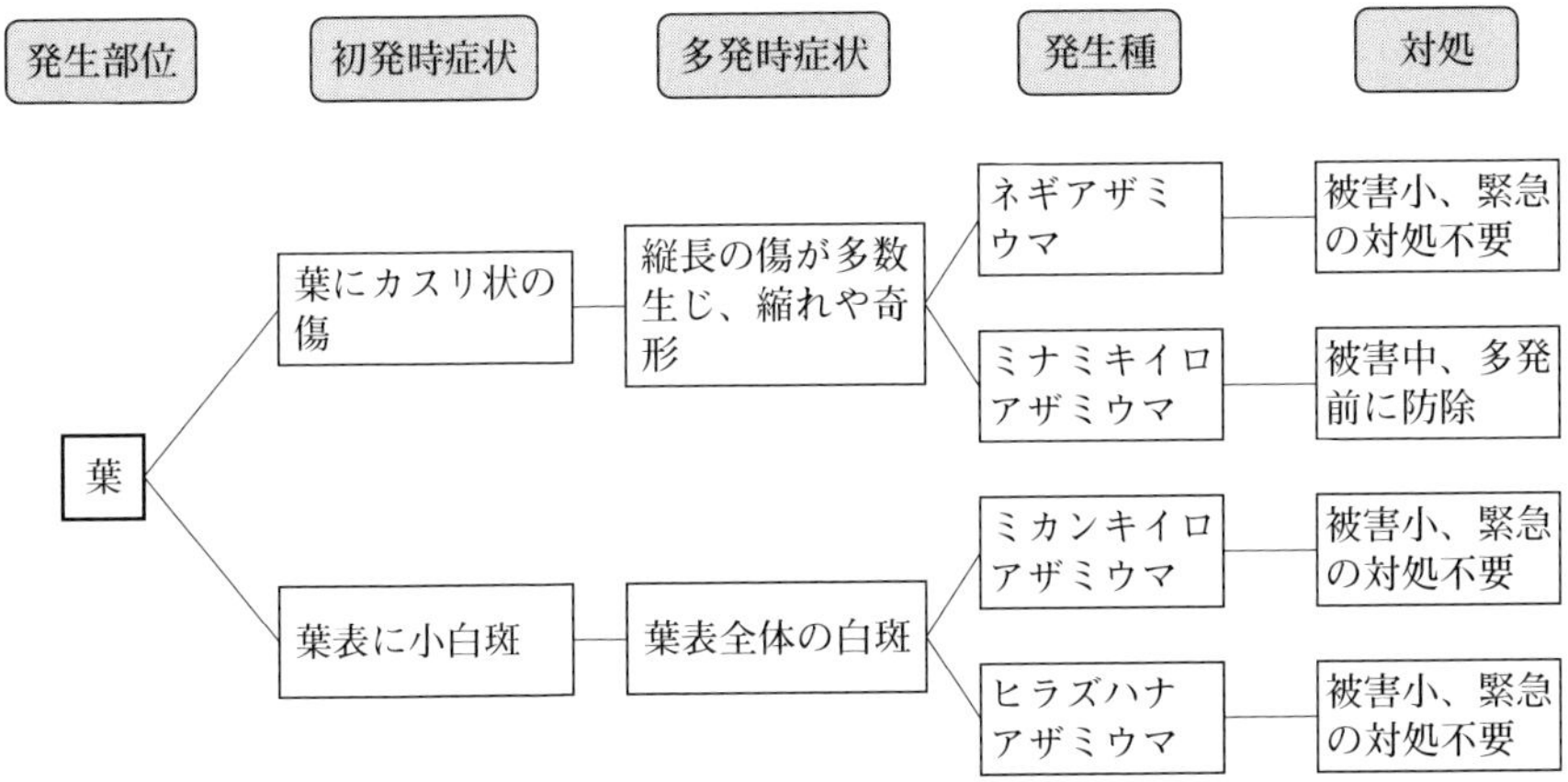

図Ⅳ-23　ホウレンソウ（アカザ科）の診断フローチャート

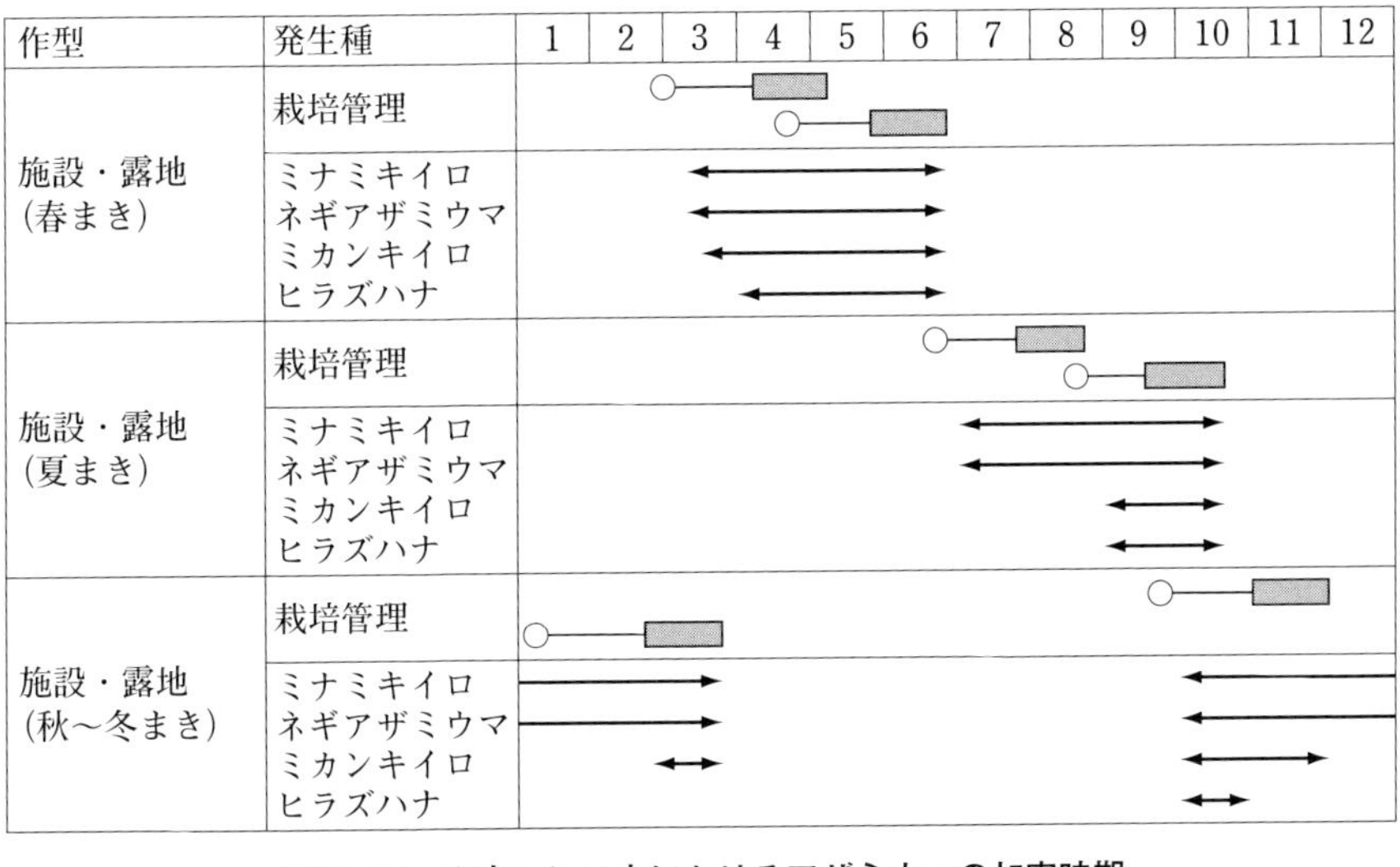

図Ⅳ-24　ホウレンソウにおけるアザミウマの加害時期

（○は播種、■は収穫を示す）

（粒剤）を処理する。

施設内に青色粘着トラップまたは青色粘着ロールシートを設置し、飛翔しているアザミウマの成虫を捕殺する。

生育初期

アザミウマの発生前〜発生初期に、巻末の農薬表に示す生物農薬を使用する。アザミウマが多発してからでは効果が低いので、その場合は選択性農薬を使用してアザミウマの発生密度を低下させた後に使用する。厳寒期の使用は避け、秋期または春期の、最低温度が一五℃以上になる条件で使用する。

生育期・収穫期

アザミウマの発生がみられたら、巻末の農薬表に示す農薬を散布する。ミナミキイロは、巻末の農薬表に示すボタニガードES・水和剤を除くすべての農薬で抵抗性を発達させている可能性があるので注意する。また、ネギアザミウマ、ミカンキイロ、ヒラズハナでは、一部のネオニコチノイド系の殺虫剤で抵抗性が発達しているので、注意が必要である。アザミウマが多発している場合には、七日間隔で二回の農薬散布が必要である。

パダンSG水溶剤では高温時に葉縁枯れなどの薬害を生じやすいので、使用時期に注意する。魚毒性や蚕毒性のある農薬は、取扱いに注意する。

生物農薬を使用する場合は、生物農薬に対して悪影響の小さい選択性農薬を散布する。とくに、表Ⅲ-4（六三ページ）に示した農薬で、ホウレンソウに登録のある農薬の散布は控える。

収穫終了後

収穫終了後の五〜十月には施設の開口部をすべて閉め切り、太陽熱により施設を蒸し込むことで、アザミウマを殺虫する。残渣は施設外に持ち出して処分する。

露地栽培

圃場管理

隣接地、前作、混作など、圃場の管理を徹底する（施設栽培を参照）。

雑草はアザミウマの発生源になるので、圃場周辺の雑草は播種前に除草する。

播種時・発芽揃時

播種時または発芽揃時に、巻末の農薬表に示す農薬（粒剤）を処理する。

生育初期

圃場周辺に土着天敵が集まりやすい植物（温存植物）を植え付け、土着天敵を保護して利用する。ヒメハナカメムシ類が発生する地域では、マリーゴールドやオクラなどを植え付けて、ナミヒメハナカメムシを増やす。

生育期・収穫期

アザミウマの発生がみられたら、巻末の農薬表に示す農薬を散布する（施設栽培を参照）。

生物農薬として、天敵微生物のボタニガードESを散布する。

天敵温存植物を植え付けた場合やボタニガードESを使用した場合は、土着天敵や天敵微生物ボーベリア菌に対して悪影響の小さい選択性農薬を散布する。とくに、表Ⅲ-4（六三ページ）に示した農薬で、ホウレンソウに登録のある農薬の散布は控える。

収穫終了後

栽培終了後の残渣は、圃場外に持ち出して処分する。春まき栽培では栽培終了後の五～七月、夏まき栽培では栽培終了後の八～十月に透明ビニールフィルムを土壌表面に敷き、太陽熱で地温を上昇させて土中の蛹を殺虫する。

エンドウ・ソラマメなど豆類（未成熟）

◆診断のポイント

発生する主なアザミウマは、ミナミキイロ、ネギアザミウマ、ミカンキイロ、ヒラズハナの四種である。図Ⅳ-25のエンドウ、ソラマメなど豆類（未成熟）の診断フローチャートに従い、被害症状からアザミウマの種類を診断する。初期の被害症状はよく似ているので、ルーペなどを用いて、雌成虫の体長や体色を観察する。アザミウマ種別の加害時期は図Ⅳ-26のとおりで、作型により加害時期が異なる。

◆防除の実際

露地栽培

圃場管理

隣接地の圃場や家庭菜園などでエンドウ、ソラマメなど豆類が栽培されていると、そこがアザミウマの発生源になる。前作ではアザミウマが多発する作物を栽培しないようにして、隣接圃場ではアザミウマが発生しやすい作物を混作しない。

育苗は、育苗専用施設または育苗専用の畑を設けて行なう。育苗専用施設

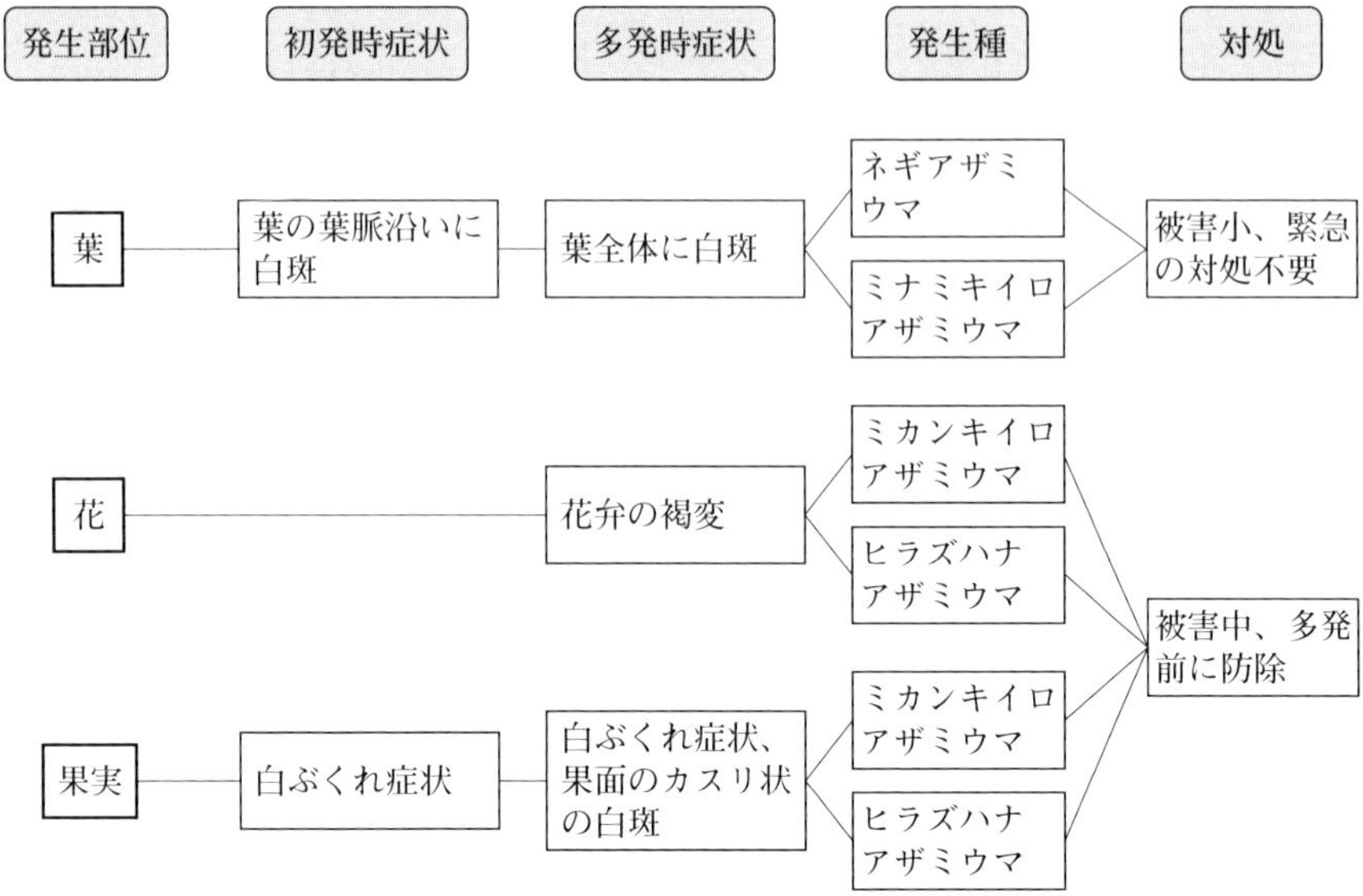

図Ⅳ−25　エンドウ・ソラマメなど豆類（未成熟）（マメ科）の診断フローチャート

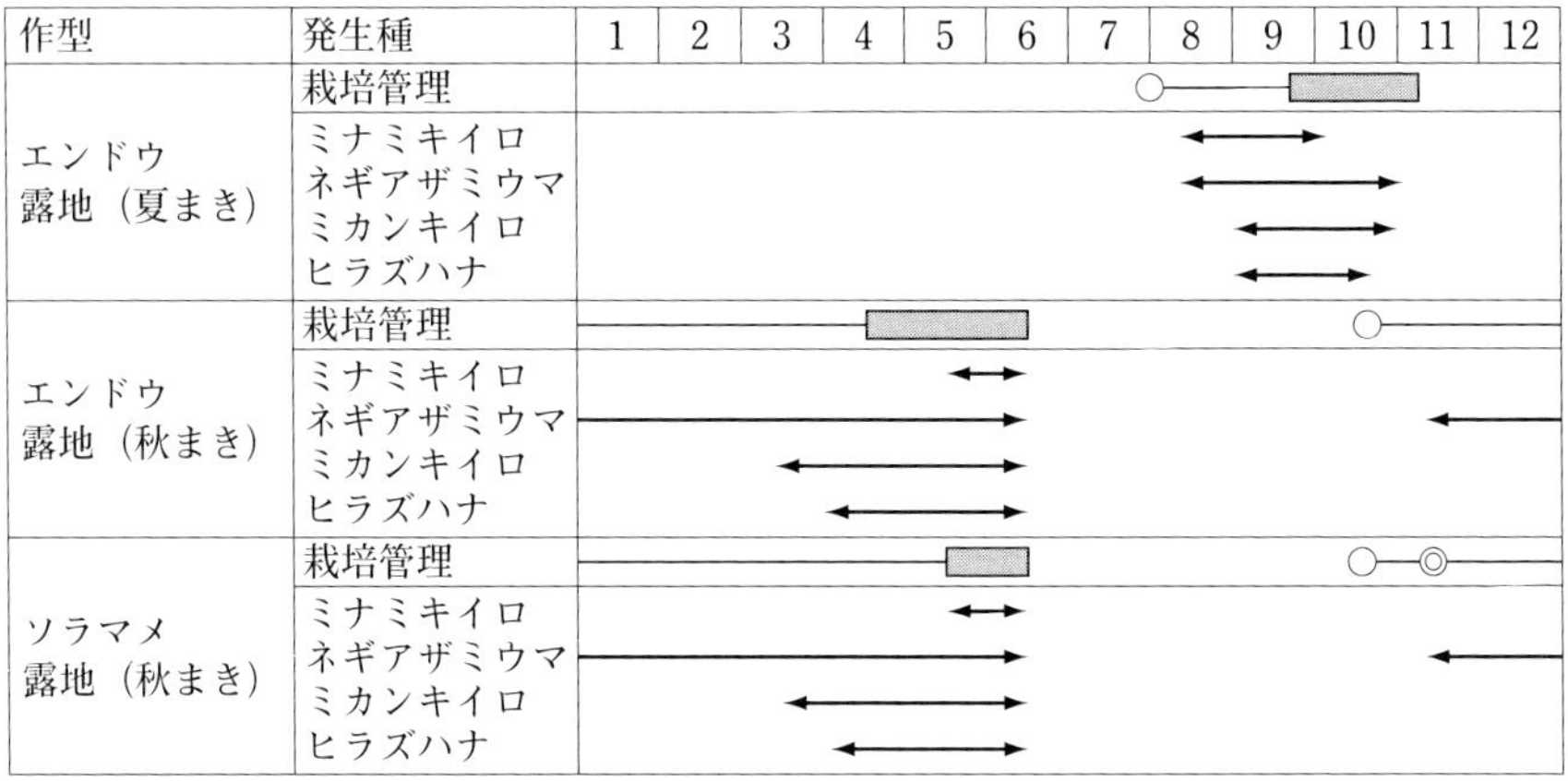

図Ⅳ−26　エンドウ・ソラマメにおけるアザミウマの加害時期

（○は播種、◎は定植、▒は収穫を示す）

の天窓や側面開口部には、目合い一㎜以下の防虫ネットを展張する。赤色ネットを用いると侵入防止効果が高くなる。また、育苗専用の畑は防虫ネットでトンネルがけする。育苗専用施設には紫外線カットフィルムを被覆し、アザミウマ成虫の侵入を防ぐ。

雑草はアザミウマの発生源になるので、施設の内外の雑草は定植前に除草する。

定植時

定植前後にはうね面をマルチし、アザミウマが土中で蛹化するのを阻止する。シルバーポリフィルムのマルチは、アザミウマ成虫の飛来防止にも有効である。

生育初期

圃場周辺に土着天敵が集まりやすい植物（温存植物）を植え付け、土着天敵を保護して利用する。ヒメハナカメムシ類が発生する地域では、マリーゴールドやオクラなどを植え付けて、ナミヒメハナカメムシを増やす。

生育期・収穫期

アザミウマの発生がみられたら、巻末の品目別農薬表エンドウ・ソラマメなど豆類（未成熟）に示す農薬をローテーション散布する。ミナミキイロでは、巻末の農薬表に示すボタニガードESを除くすべての農薬で抵抗性を発達させている可能性がある。また、ネギアザミウマ、ミカンキイロナでは、一部のネオニコチノイド系およびピレスロイド系の殺虫剤に、ヒラズハナでは一部のネオニコチノイド系の殺虫剤に抵抗性が発達しているので、注意が必要である。

アザミウマが多発している場合には、七日間隔で二回の農薬散布が必要である。魚毒性や蚕毒性のある農薬は、取扱いに注意する。

生物農薬として、天敵微生物のボタニガードESを散布する。

天敵温存植物を植え付けた場合やボタニガードESを使用した場合は、土着天敵や天敵微生物ボーベリア菌に対して悪影響の小さい選択性農薬を散布する。とくに、表Ⅲ-4（六三ページ）に示した農薬で、エンドウ、ソラマメなど豆類（未成熟）に登録のある農薬の散布は控える。

収穫終了後

栽培終了後の残渣は、圃場外に持ち出して処分する。秋まき栽培では、栽培終了後の六～七月に透明ビニールフィルムを土壌表面に敷き、太陽熱で地温を上昇させて土中の蛹を殺虫する。

カンキツ

◆診断のポイント

発生する主なアザミウマは、チャノキイロ、ネギアザミウマ、ミカンキイロの三種である。図Ⅳ-27のカンキツの診断フローチャートに従い、被害症状からアザミウマの種類を診断する。初期の被害症状はよく似ているので、ルーペなどを用いて雌成虫の体長や体色を観察する。アザミウマ種別の加害時期は図Ⅳ-28のとおりで、作型により加害時期が異なる。

◆防除の実際

施設栽培

圃場管理

隣接地の圃場などでカンキツ類やチャなどが栽培されていると、そこがアザミウマの発生源になる。

施設の天窓や側面開口部には、目合い一mm以下の防虫ネットか光反射シートを展張する。施設には紫外線除去フィルムを被覆し、アザミウマ成虫の侵入を防止する。

雑草はアザミウマの発生源になるので、施設の内外の雑草は除草する。また、施設周辺に、防風樹としてイヌマキやサンゴジュが植栽されていると、そこがチャノキイロの発生源になるので、改植する。

休眠期

越冬密度を下げるため、地表面を耕起し、除草する。また、地表面をビニールで被覆し、越冬成虫の活動を阻止する。

生育期

肥培管理により無駄な新梢の伸長を抑え、不要な新梢は剪定して処分する。

チャノキイロの成虫は黄色粘着トラップに誘殺されるので、発生時期や発生量の把握に利用する。施設栽培での被害の発生時期は露地栽培よりやや早くなるので、早めに防除を行なう。

施設内に黄色粘着トラップまたは黄色粘着ロールシートを設置し、飛翔し

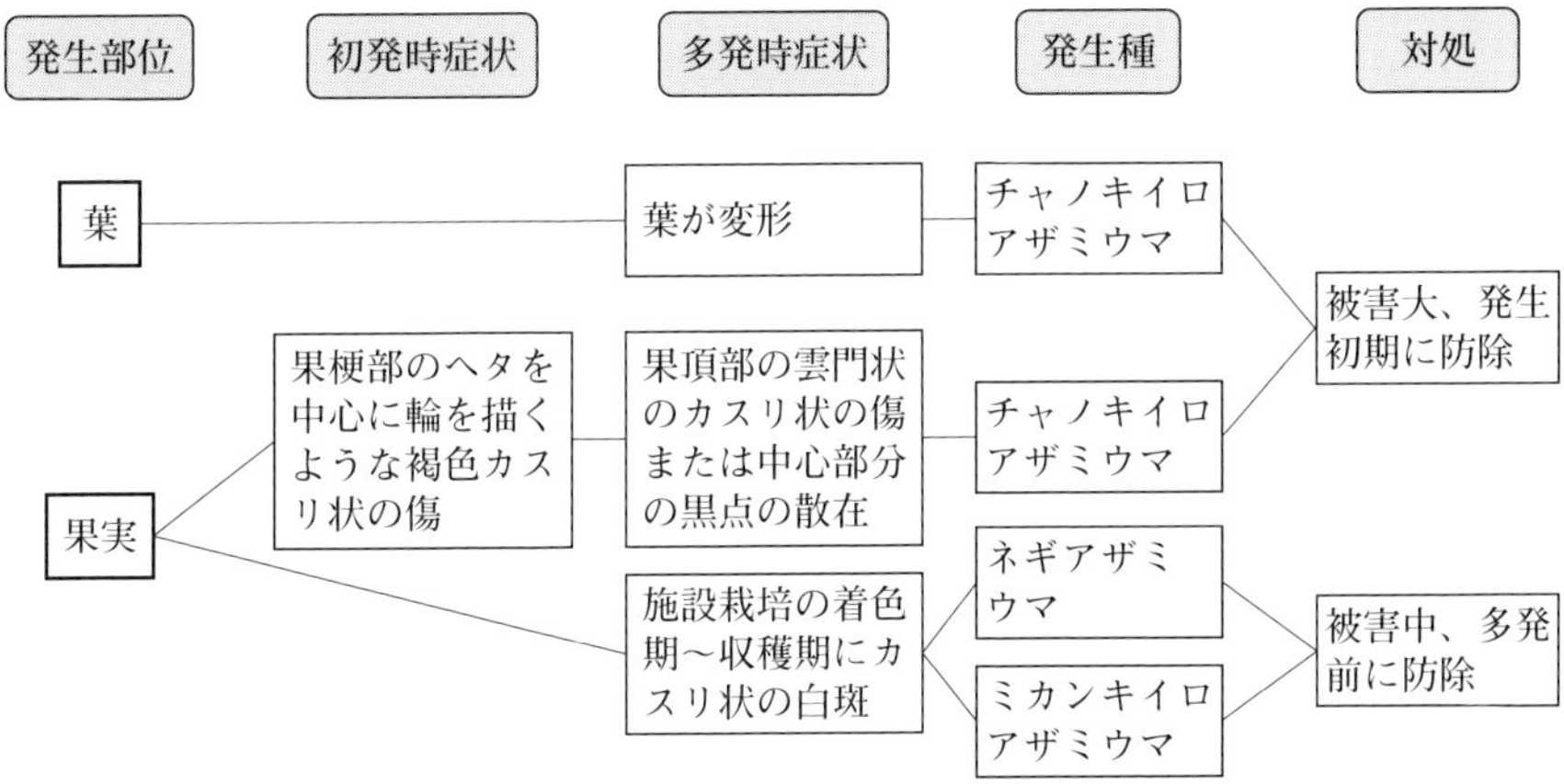

図Ⅳ-27　カンキツ（ミカン科）の診断フローチャート

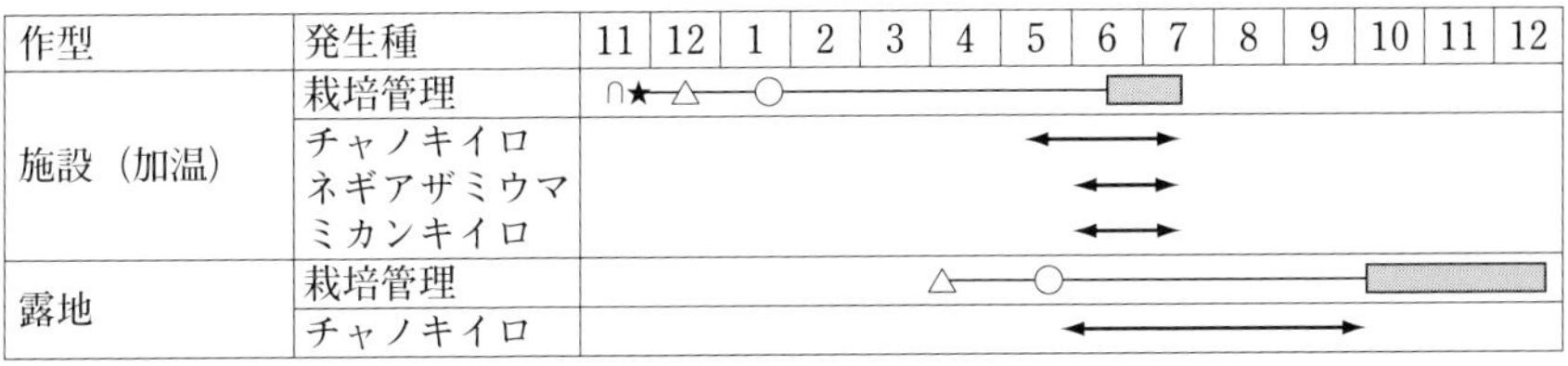

図Ⅳ-28　カンキツ（ウンシュウミカン）におけるアザミウマの加害時期
（∩はビニール被覆、★は加温開始、△は発芽期、○は開花期、▨は収穫を示す）

ているアザミウマの成虫を捕殺する。

果実肥大期〜収穫期

アザミウマの発生がみられたら、巻末の品目別農薬表カンキツに示す農薬をローテーション散布する。とくに、六〜七月のチャノキイロ、果実着色期のネギアザミウマ、ミカンキイロの発生に注意する。

なお、施設の加温栽培では六〜七月に果実が収穫されるため、この時期が発生初期となるチャノキイロの大きな被害が発生することは少なく、実際の農薬散布は不要である。ジマンダイセン水和剤、ペンコゼブ水和剤は、本来は黒点病に効果のある殺菌剤であるが、薬剤の付着痕が白く残って光反射シートのような忌避効果があり、主にチャノキイロに防除効果を示す。

ネギアザミウマ、ミカンキイロ、ヒラズハナでは、一部のネオニコチノイド系の殺虫剤に対して抵抗性が発達しているので、注意が必要である。魚毒性や蚕毒性のある農薬は、取扱いに注意する。

露地栽培

圃場管理

隣接地の圃場などでカンキツ類やチャなどが栽培されていると、そこがアザミウマの発生源になる。

雑草はアザミウマの発生源になるので、圃場周辺の雑草は除草する。また、圃場周辺に、防風樹としてイヌマキやサンゴジュが植栽されているとチャノキイロの発生源になるので、改植する。

休眠期

越冬密度を下げるため、地表面を耕起し、除草する。

生育期

肥培管理により無駄な新梢の伸長を抑え、不要な新梢は剪定して処分する。

六月頃から、樹冠下を光反射シートでマルチする。十分な効果を得るためには、樹冠占有面積率を六〇%以下にするとともに、シートの被覆率を七〇%以上にする。

チャノキイロの成虫は黄色粘着トラップに誘殺されるので、発生時期や発生量の把握に利用する。アメダスデータを用い、ＪＰＰ-ＮＥＴのシミュレーションで発生時期を予測する（三二一ページ参照）。

圃場周辺に土着天敵が集まりやすい植物（温存植物）を植え付け、土着天敵を保護して利用する。ヒメハナカメムシ類が発生する地域では、マリーゴールドなどを植え付けて、ナミヒメハナカメムシを増やす。

天敵温存植物を植え付けた場合は、土着天敵に対して悪影響の小さい選択性農薬を散布する。とくに、表Ⅲ-4（六三ページ）に示した農薬で、カンキツに登録のある農薬の散布は控える。

果実肥大期〜収穫期

チャノキイロの被害果を優先的に摘果し、被害を軽減する。

アザミウマの発生がみられたら、巻末の農薬表に示す農薬をローテーション散布する。とくに、六〜七月と八〜九月のチャノキイロの発生に注意する。

ブドウ

◆診断のポイント

発生する主なアザミウマは、チャノキイロ、ミカンキイロの二種である。図Ⅳ-29のブドウの診断フローチャートに従い、被害症状からアザミウマの種類を診断する。初期の被害症状はよく似ているので、ルーペなどを用いて、雌成虫の体長や体色を観察する。アザミウマ種別の加害時期は図Ⅳ-30のとおりで、作型により加害時期が異なる。

◆防除の実際

施設栽培

圃場管理

ブドウは落葉果樹なので、施設内のチャノキイロの越冬は少なく、多くはブドウ以外の常緑樹などで発生したチャノキイロが、外から侵入してくる。したがって、隣接地の圃場などでチャなどが栽培されていると、そこが発生源になる。

施設の天窓や側面開口部には、目合い一㎜以下の防虫ネットか光反射シートを展張する。施設には紫外線除去フィルムを被覆するとアザミウマ成虫の侵入を防止できるが、巨峰、ピオーネ、デラウェアなど黒色系品種では、着色に悪影響を及ぼす恐れがあるので被覆しない。

雑草はアザミウマの発生源になるので、施設の内外の雑草は除草する。また、施設周辺に、防風樹としてイヌマキやサンゴジュが植栽されているとチャノキイロの発生源になるので、改植する。

休眠期

越冬密度を下げるため、落葉を除去するとともに、地表面を耕起し、除草する。樹幹の粗皮下は越冬場所となるので、粗皮剥ぎを行なう。

地表面をビニールで被覆し、越冬成虫の活動を阻止する。

生育期

肥培管理により無駄な新梢や副梢の

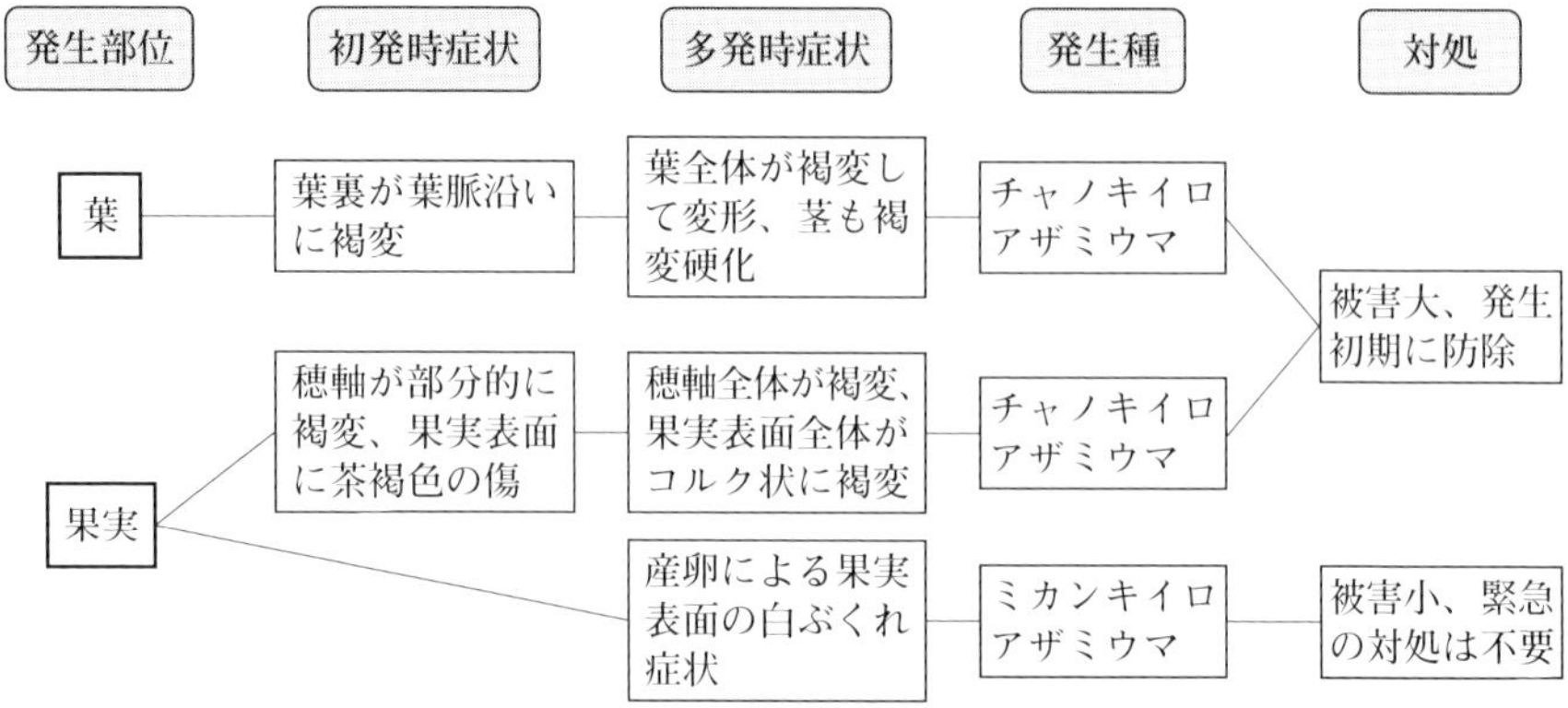

図Ⅳ-29　ブドウ（ブドウ科）の診断フローチャート

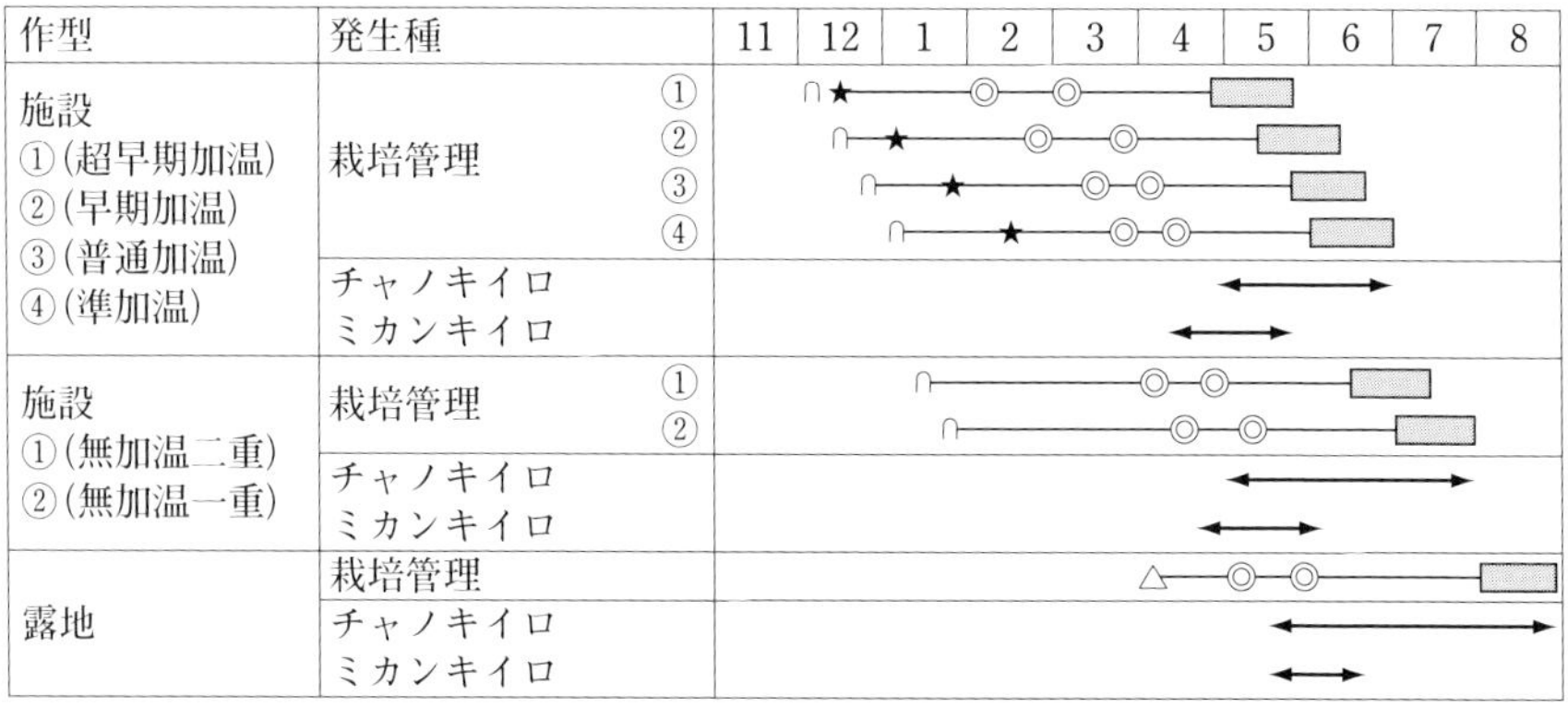

図Ⅳ-30　ブドウ（デラウェア）におけるアザミウマの加害時期
（∩はビニール被覆、★は加温開始、△は発芽期、◎はジベレリン処理、▒は収穫を示す）

伸長を抑え、不要な副梢は剪定して処分する。

チャノキイロの成虫は黄色粘着トラップに誘殺されるので、発生時期や発生量の把握に利用する。施設栽培での被害の発生時期は露地栽培よりやや早くなるので、早めに防除を行なう。

施設内に黄色粘着トラップまたは黄色粘着ロールシートを設置し、飛翔しているアザミウマの成虫を捕殺する。

果実肥大期～収穫期

アザミウマの発生がみられたら、巻末の品目別農薬表ブドウに示す農薬をローテーション散布する。とくに、四～七月のチャノキイロ、開花期前後のミカンキイロの発生に注意する。なお、施設の加温栽培（超早期加温～準加温）では五～六月に果実が収穫されるため、この時期が発生初期となるチャノキイロの大きな被害が発生することは少なく、実際の農薬散布は不要である。また、袋かけを行なう品種では、袋かけ前の農薬散布を徹底する。

ミカンキイロは一部のネオニコチノイド系の殺虫剤で抵抗性が発達しているので、注意が必要である。一部の水和剤では果粒の汚れ、一部の水溶剤、顆粒水溶剤、フロアブルでは果粒の果粉溶脱を引き起こす恐れがあるので、散布時期に注意する。魚毒性や蚕毒性のある農薬は、取扱いに注意する。

露地栽培

圃場管理

ブドウは落葉果樹なので、圃場内でのチャノキイロの越冬は少なく、多くはブドウ以外の常緑樹などで発生したチャノキイロが、外から侵入してくる。したがって、隣接地の圃場などでチャなどが栽培されていると、そこが発生源になる。

圃場の棚上を農業用ビニールなどで屋根かけ被覆すれば、アザミウマ成虫の飛来が抑制される。紫外線除去フィルムを被覆するとアザミウマの侵入防止効果が高まるが、黒色系品種では着色に悪影響を及ぼす恐れがあるので被覆しない。

雑草はアザミウマの発生源になるので、圃場周辺の雑草は除草する。また、圃場周辺に、防風樹としてイヌマキやサンゴジュが植栽されているとチャノキイロの発生源になるので、改植する。

休眠期

越冬密度を下げるため、落葉を除去するとともに、地表面を耕起し、除草する。樹幹の粗皮下は越冬場所となるので、粗皮剝ぎを行なう。

生育期

肥培管理により無駄な新梢や副梢の伸長を抑え、不要な副梢は剪定して処分する。

チャノキイロの成虫は黄色粘着トラップに誘殺されるので、発生時期や発生量の把握に利用する。アメダスデータを用い、JPP-NETのシミュレーションで発生時期を予測する（二二一ページ参照）。

圃場周辺に土着天敵が集まりやすい植物（温存植物）を植え付け、土着天敵を保護して利用する。ヒメハナカメムシ類が発生する地域では、マリーゴールドなどを植え付けて、ナミヒメハナカメムシを増やす。

天敵温存植物を植え付けた場合は、土着天敵に対して悪影響の小さい選択性農薬を散布する。とくに、表Ⅲ-4

(六二ページ)に示した農薬で、ブドウに登録のある農薬の散布は控える。

果実肥大期〜収穫期

アザミウマの発生がみられたら、巻末の農薬表に示す農薬をローテーション散布する。とくに、六〜九月のチャノキイロ、開花期前後のミカンキイロの発生に注意する。袋かけを行なう品種では、袋かけ前の農薬散布を徹底する。

カキ

◆診断のポイント

発生する主なアザミウマは、チャノキイロ、カキクダアザミウマ、ネギアザミウマ、ミカンキイロの四種である。図Ⅳ-31のカキの診断フローチャートに従い、被害症状からアザミウマの種類を診断する。初期の被害症状はよく似ているので、ルーペなどを用いて、雌成虫の体長や体色を観察する。アザミウマ種別の加害時期は図Ⅳ-32のとおりである。

カキクダアザミウマは在来種で、岩手県以南の本州に分布し、カキのみを加害する。雌成虫(写真Ⅳ-1)は体長三・〇㎜、雄成虫は体長二・三㎜、体色は黒褐色である。幼虫は体長約二㎜、黄白色で、頭部や触角などが黒褐色である。

年一回の発生で、四月下旬〜六月上

写真Ⅳ-1　カキクダアザミウマ雌成虫
(写真提供:林直人)

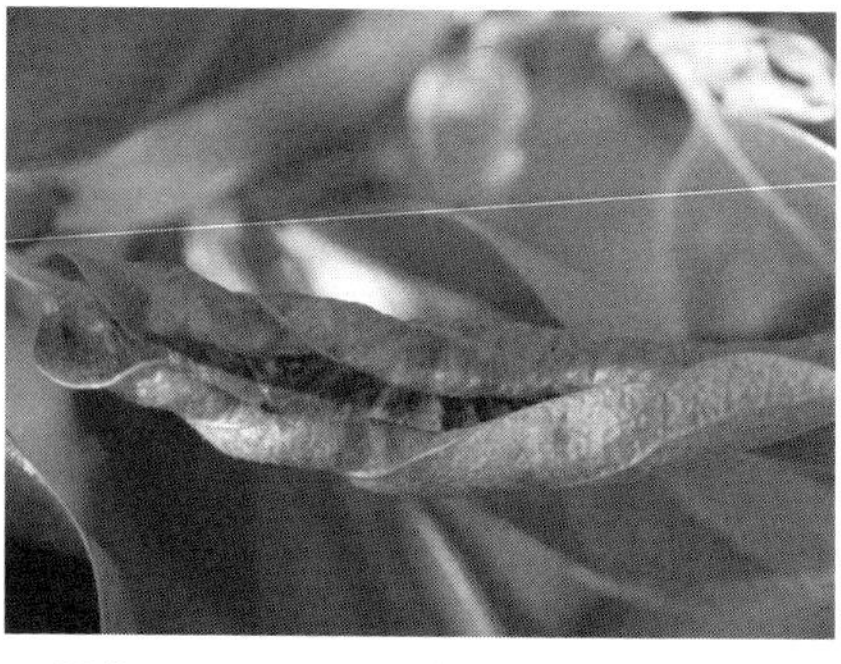

写真Ⅳ-2　カキクダアザミウマの葉の被害
芽や若い葉を加害して巻葉に

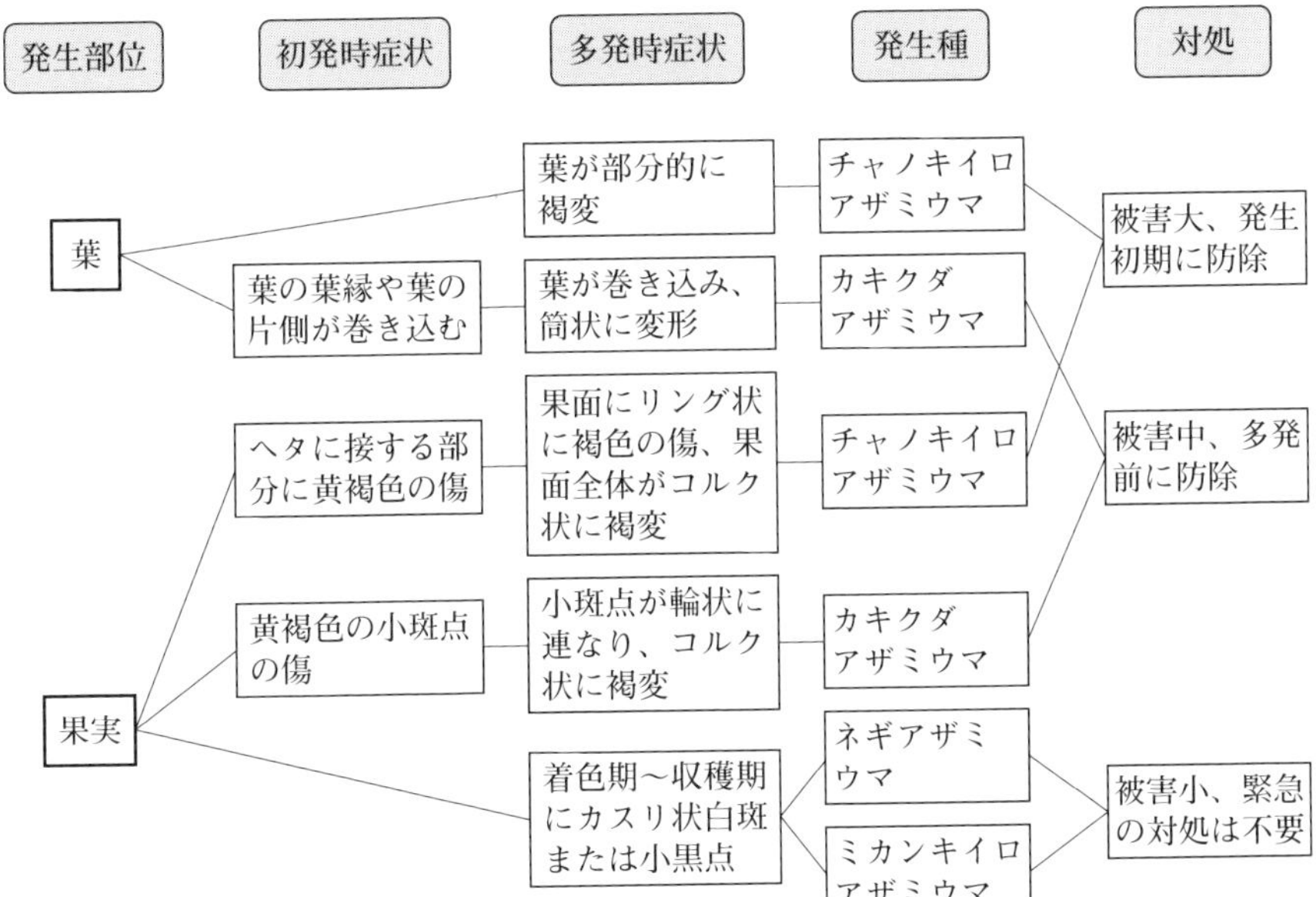

図Ⅳ-31　カキ（カキノキ科）の診断フローチャート

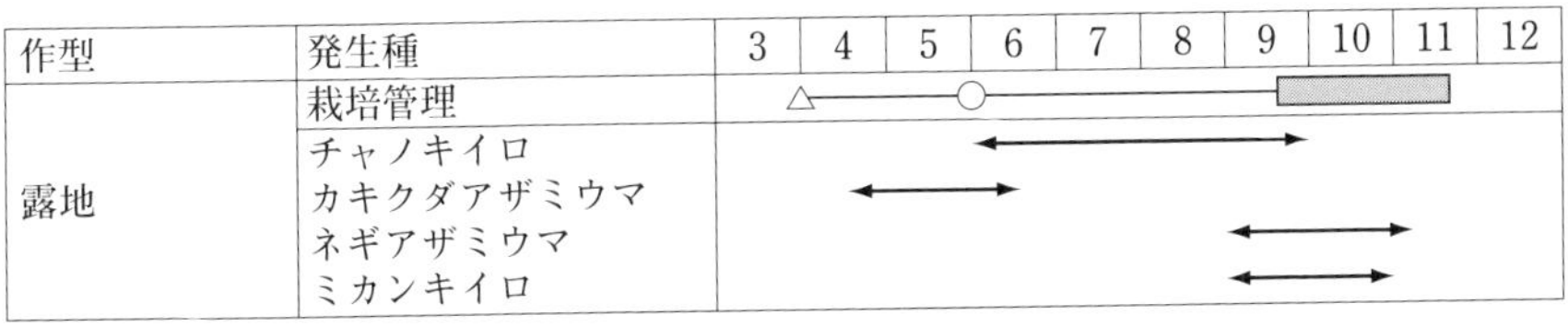

図Ⅳ-32　カキにおけるアザミウマの加害時期
（△は発芽期、○は開花期、▒は収穫を示す）

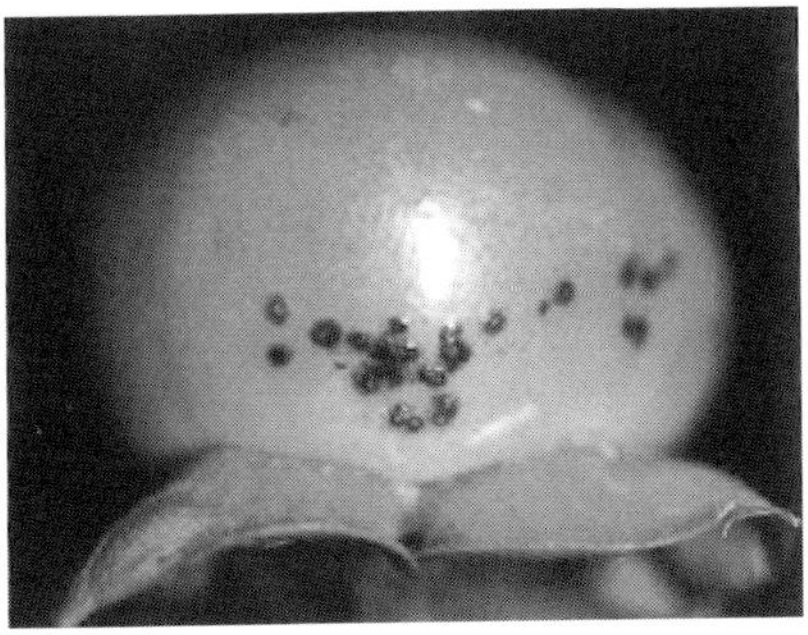

写真Ⅳ-3　カキクダアザミウマの果実の被害
（写真提供：木村裕）
果面に小斑点が輪状に連なり，コルク状に褐変

旬に新梢に飛来した雌成虫が芽や若い葉を加害し、巻葉となる（写真Ⅳ－2）。成虫は五月上旬～六月上旬に巻葉内に産卵する。五月中旬から幼虫が孵化し、一部が果実に移動して加害し、果面に小斑点が輪状に連なり、コルク状に褐変する（写真Ⅳ－3）。第一世代成虫は、カキ、アカマツ、ヒノキ、クヌギの樹皮下や隙間で、夏から翌年まで潜伏する。

◆防除の実際

露地栽培

圃場管理

カキは落葉果樹なので、圃場内でのチャノキイロの越冬は少なく、多くはカキ以外の常緑樹などで発生したチャノキイロが、外から侵入してくる。したがって、隣接地の圃場などでチャなどが栽培されていると、そこが発生源になる。

雑草はアザミウマの発生源になるので、圃場周辺の雑草は除草する。また、圃場周辺に、防風樹としてイヌマキやサンゴジュが植栽されていると、そこがチャノキイロの発生源になるので、改植する。また、アカマツなどはカキクダアザミウマの潜伏場所となるので、改植する。

チャノキイロの被害は品種間差があり、被害が発生しにくい品種を選んで新植または改植する。平核無、横野、次郎、甘百目、会津身不知、甲州百目などで被害が大きい。

休眠期

越冬密度を下げるため、落葉を除去するとともに、地表面を耕起し、除草する。樹幹の粗皮下は越冬場所となるので、粗皮剥ぎを行なう。

生育期

肥培管理により無駄な徒長枝の伸長を抑え、不要な徒長枝は剪定して処分する。

六月頃から、樹冠下を光反射シートでマルチする。なお、反射シートからの反射光により、日焼け果が多くなる恐れがあるので注意する。

チャノキイロの成虫は黄色粘着トラップに誘殺されるので、発生時期や発生量の把握に利用するアメダスデータを用い、ＪＰＰ－ＮＥＴのシミュレーションで発生時期を予測する（三二ページ参照）。

圃場周辺に土着天敵が集まりやすい植物（温存植物）を植え付け、土着天敵を保護して利用する。ヒメハナカメムシ類が発生する地域では、マリーゴールドなどを植え付けて、ナミヒメハナカメムシを増やす。

天敵温存植物を植え付けた場合は、

土着天敵に対して悪影響の小さい選択性農薬を散布する。とくに、表Ⅲ-4（六二ページ）に示した農薬で、カキに登録のある農薬の散布は控える。

果実肥大期〜収穫期

アザミウマの発生がみられたら、巻末の品目別農薬表カキに示す農薬をローテーション散布する。とくに、六〜九月のチャノキイロ、四〜五月のカキクダアザミウマ、着色期のネギアザミウマとミカンキイロの発生に注意する。

ネギアザミウマおよびミカンキイロは、一部のネオニコチノイド系の殺虫剤で抵抗性が発達しているので、注意が必要である。コテツフロアブルでは、刀根早生などの着色期の散布で薬害を生じる恐れがあるので注意する。魚毒性や蚕毒性のある農薬は、取扱いに注意する。

チャ

◆診断のポイント

発生する主なアザミウマは、チャノキイロである。図Ⅳ-33のチャの診断フローチャートに従い、被害症状から診断する。チャノキイロの加害時期は図Ⅳ-34のとおりである。

◆防除の実際

露地栽培

圃場管理

隣接地の圃場などでカンキツ類やチャなどが栽培されていると、そこがアザミウマの発生源になる。

雑草はアザミウマの発生源になるので、圃場周辺の雑草は除草する。また、圃場周辺に、防風樹としてイヌマキやサンゴジュが植栽されているとチャノキイロの発生源になるので、改植する。

チャノキイロの被害は品種間差があり、被害が発生しにくい品種を選んで新植または改植する。緑色が濃く、新葉が早く硬化するむさしかおり、さやまかおり、やまなみなどは強く、やぶきた、やえほは弱い。

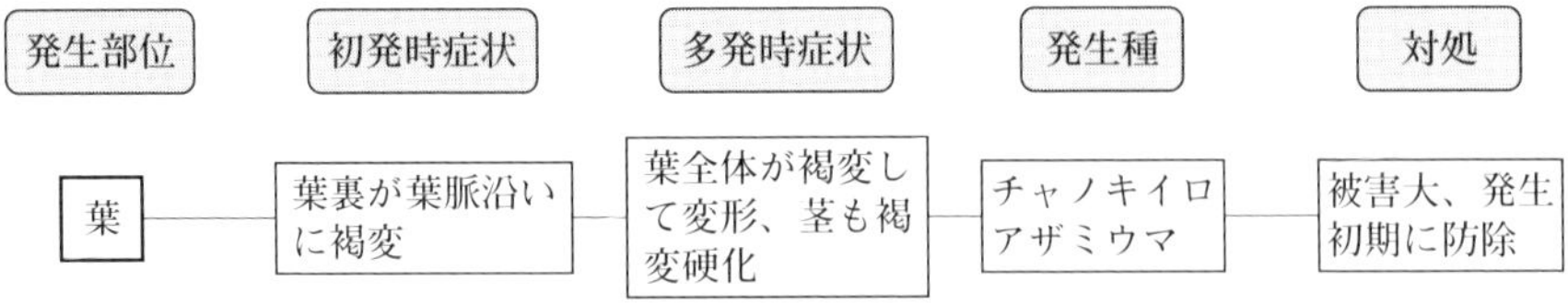

図Ⅳ-33　チャ（ツバキ科）の診断フローチャート

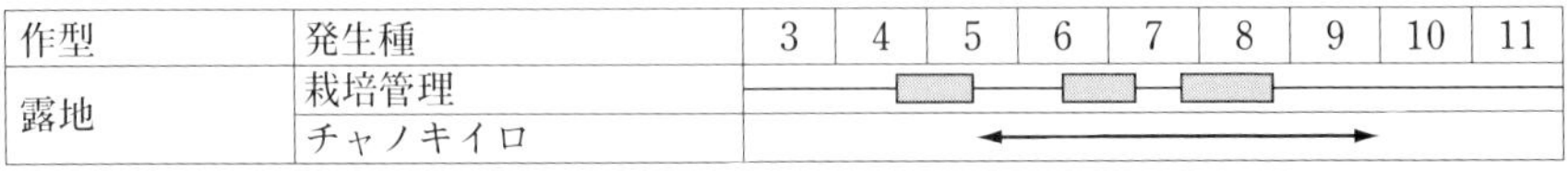

図Ⅳ-34　チャにおけるアザミウマの加害時期（□は収穫を示す）

休眠期

越冬密度を下げるため、地表面を耕起し、除草する。

生育期

チャノキイロの成虫は黄色粘着トラップに誘殺されるので、発生時期や発生量の把握に利用する。アメダスデータを用い、JPP-NETのシミュレーションで発生時期を予測する（三二一ページ参照）。

圃場周辺に土着天敵が集まりやすい植物（温存植物）を植え付け、土着天敵を保護して利用する。ヒメハナカメムシ類が発生する地域では、マリーゴールドなどを植え付けて、ナミヒメハナカメムシを増やす。

天敵温存植物を植え付けた場合は、土着天敵に対して悪影響の小さい選択性農薬を散布する。とくに、表Ⅲ-4（六三ページ）に示した農薬で、チャに登録のある農薬の散布は控える。

生育期～収穫期

アザミウマの発生がみられたら、巻末の品目別農薬表チャに示す農薬をローテーション散布する。とくに、二番茶と三番茶の萌芽期～開葉期の発生に注意する。ハチハチ乳剤、ハチハチフロアブルではコテツフロアブルとの近接散布で葉の褐変の薬害を生じる可能性があるので、一〇日以上あけるようにする。魚毒性や蚕毒性のある農薬は取扱いに注意する。

収穫終了後

アザミウマの樹上での蛹化場所をなくすため、十月に整枝を行なう。整枝は、平均気温一八～一九℃以下になったら、できるだけ早く実施する。

キク

◆診断のポイント

発生する主なアザミウマは、ミナミキイロ、ネギアザミウマ、ミカンキイロ、ヒラズハナの四種である。図Ⅳ–35のキクの診断フローチャートに従い、被害症状からアザミウマの種類を診断する。初期の被害症状はよく似ているので、ルーペなどを用いて、雌成虫の体長や体色を観察する。アザミウマ種別の加害時期は図Ⅳ–36のとおりで、作型により加害時期が異なる。とくに、ミカンキイロとヒラズハナでは、蕾の膜割れ前後の加害に注意する。

◆防除の実際

施設栽培

圃場管理

隣接地の圃場や家庭菜園などでキクなどの花き類が栽培されていると、そこがアザミウマの発生源になる。前作ではアザミウマが多発する作物を栽培しないようにし、同一施設内ではアザミウマが発生しやすい作物を混作しない。

秋ギク無加温栽培、秋ギク電照抑制栽培、寒ギク無加温栽培では、さし芽前の五～七月に施設内の雑草を除草して閉め切り、太陽熱により温度を上昇させて、アザミウマを殺虫する。同時に土壌表面に透明ビニールを敷くと効果が高まる。夏ギク・夏秋ギク加温促成栽培、夏ギク・夏秋ギク無加温半促成栽培では、定植前の十～十一月に施設内の雑草を除草して約一カ月間閉め切り、温度を上昇させてアザミウマを羽化させ、餌のない状態において餓死させる。親株は、専用施設を設けて養成する。ウイルス症状のみられる株は親株に使用せず、処分する。

施設および親株専用施設の天窓や側面開口部には、目合い一㎜以下の防虫ネットを展張する。赤色ネットを用いると侵入防止効果が高くなる。

施設および育苗専用施設には紫外線カットフィルムを被覆し、アザミウマ成虫の侵入を防ぐ。

雑草はアザミウマの発生源になるので、施設の内外の雑草は定植前に除草する。

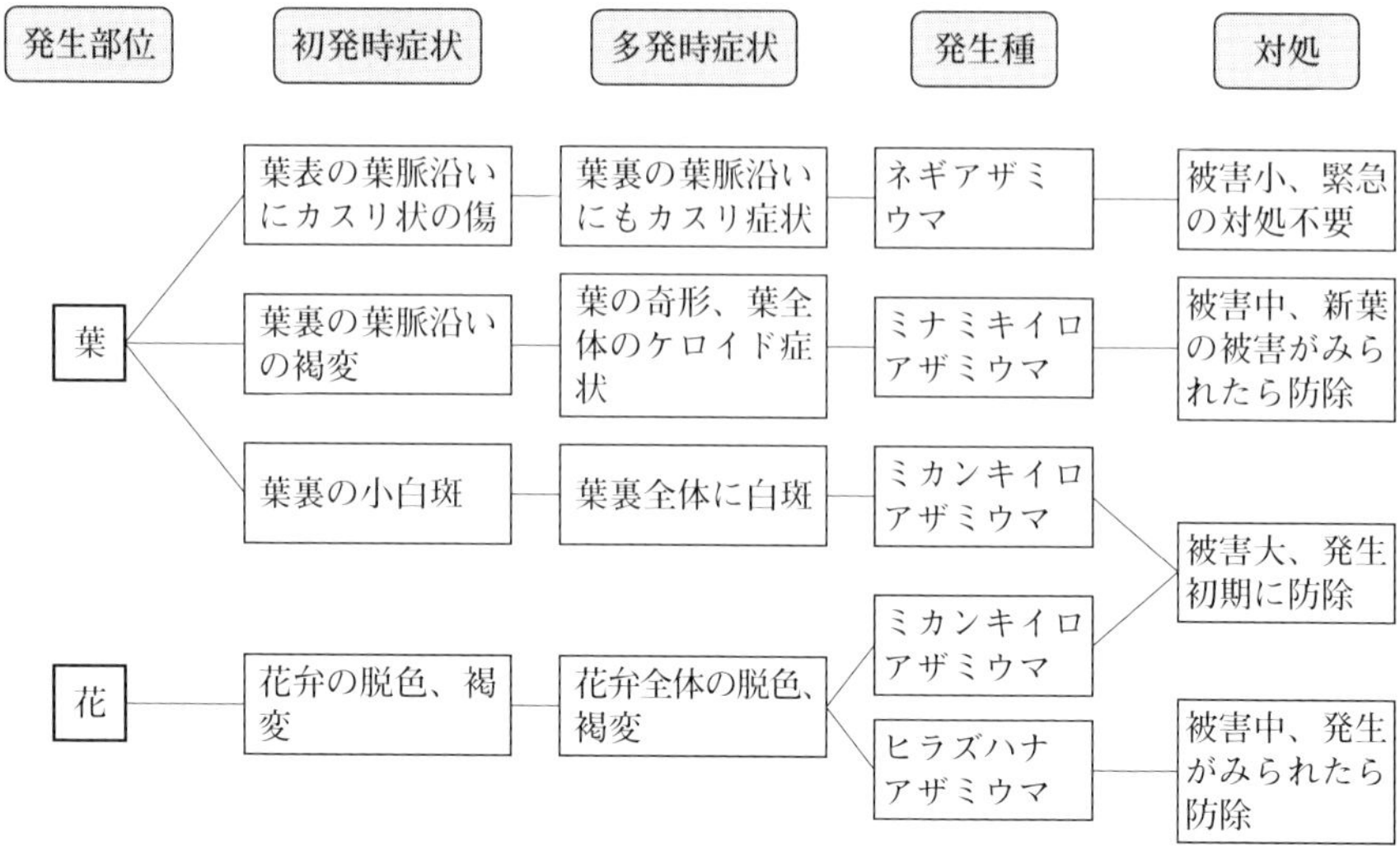

図Ⅳ-35　キク（キク科）の診断フローチャート

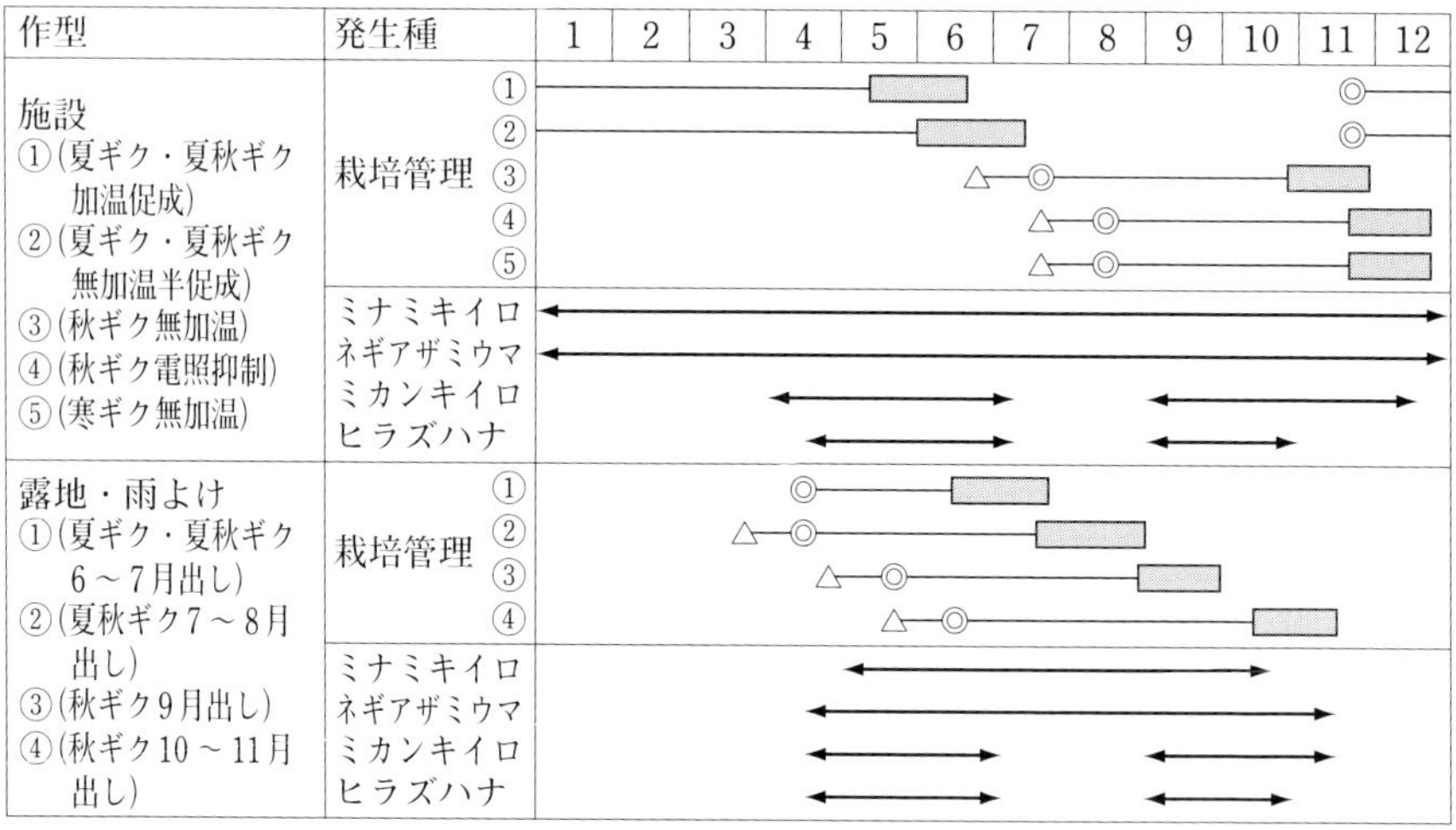

図Ⅳ-36　キクにおけるアザミウマの加害時期
（△はさし芽、◎は定植、▨は収穫を示す）

定植時

定植前後にうね面をマルチし、アザミウマが土中で蛹化するのを阻止する。

作型により、七~八月頃または十一月頃の育苗期後半または定植前に、巻末の品目別農薬表キクに示す農薬（粒剤）を処理する。

施設内に青色粘着トラップまたは青色粘着ロールシートを設置し、飛翔しているアザミウマの成虫を捕殺する。

生育初期

アザミウマの発生前~発生初期に、巻末の農薬表に示す生物農薬を使用する。アザミウマが多発してからでは効果が低いので、その場合は選択性農薬を使用してアザミウマの発生密度を低下させた後に使用する。また、厳寒期の使用は避け、秋期または春期の、最低温度が一五℃以上になる条件で使用する。

生育期・収穫期

アザミウマの発生がみられたら、巻末の農薬表に示す農薬をローテーション散布する。ミカンキイロとヒラズハナでは、蕾の膜割れ前後に農薬を散布する。ミナミキイロは多くの殺虫剤に対して抵抗性が発達しており、現時点で有効な農薬は、アファーム乳剤などに限られる。ネギアザミウマ、ミカンキイロ、ヒラズハナでは、一部のネオニコチノイド系の殺虫剤で抵抗性が発達しているので、注意が必要である。アザミウマが多発している場合には、七日間隔で二~三回の農薬散布が必要である。魚毒性や蚕毒性のある農薬は、取扱いに注意する。

生物農薬を使用する場合は、生物農薬に対して悪影響の小さい選択性農薬を散布する。とくに、表Ⅲ-4（六三ページ）に示した農薬で、キクおよび花き類・観葉植物に登録のある農薬の散布は控える。

収穫終了後

夏ギク・夏秋ギク加温促成栽培、夏ギク・夏秋ギク無加温半促成栽培では、収穫終了後の六~七月には施設の開口部をすべて閉め切り、太陽熱により施設を蒸し込むことで、アザミウマを殺虫する。残渣は施設外に持ち出して処分する。

露地栽培

圃場管理

隣接地、前作、混作、育苗専用施設など、圃場の管理を徹底する（施設栽培を参照）。

ウイルス症状のみられる株は親株に使用せず、処分する。

雑草はアザミウマの発生源になるの

で、圃場周辺の雑草は定植前に除草する。

親株床でのアザミウマの発生は翌春の発生源となるため、三月頃から二～三回、巻末の農薬表に示す農薬をローテーション散布する（施設栽培を参照）。

定植時

定植前後にうね面をマルチし、アザミウマが土中で蛹化するのを阻止する。なお、マルチにシルバーポリフィルムを用いると、アザミウマ成虫の飛来防止に有効である。

夏ギク・夏秋ギクでは三～四月、秋ギクでは五～六月の定植前に、巻末の農薬表に示す農薬（粒剤）を処理する（施設栽培を参照）。

生育初期

圃場周辺に土着天敵が集まりやすい植物（温存植物）を植え付け、土着天敵を保護して利用する。ヒメハナカメムシ類が発生する地域では、マリーゴールドなどを植え付けて、ナミヒメハナカメムシを増やす。

生育期・収穫期

アザミウマの発生がみられたら、巻末の農薬表に示す農薬をローテーション散布する（施設栽培を参照）。

天敵温存植物を植え付けた場合は、土着天敵に対して悪影響の小さい選択性農薬を散布する。とくに、表Ⅲ-4（六三ページ）に示した農薬で、キクおよび花き類・観葉植物に登録のある農薬の散布は控える。

収穫終了後

栽培終了後の残渣は、圃場外に持ち出して処分する。夏ギク・夏秋ギク六～七月出し栽培、夏秋ギク七～八月出し栽培では、栽培終了後の七～九月に透明ビニールフィルムを土壌表面に敷き、太陽熱で地温を上昇させて、土中の蛹を殺虫する。

バラ

◆診断のポイント

発生する主なアザミウマは、ミカンキイロ、ヒラズハナ、チャノキイロの三種である。図Ⅳ-37のバラの診断フローチャートに従い、被害症状からアザミウマの種類を診断する。初期の被害症状はよく似ているので、ルーペなどを用いて、雌成虫の体長や体色を観察する。アザミウマ種別の加害時期は図Ⅳ-38のとおりである。とくに、ミカンキイロとヒラズハナでは、蕾割れ前後の発生に注意する。

◆防除の実際

施設栽培

圃場管理

隣接地の圃場や家庭菜園などでバラなどの花き類が栽培されていると、そこがアザミウマの発生源になる。同一施設内では、アザミウマが発生しやすい作物を混作しない。

定植前の二〜三月に、施設内の雑草を除草して約一カ月間閉め切り、温度を上昇させてアザミウマを羽化させ、餌がない状態において餓死させる。

育苗は、育苗専用施設を設けて行なう。

施設および育苗専用施設の天窓や側面開口部には、目合い一㎜以下の防虫ネットを展張する。赤色ネットを用いると侵入防止効果が高くなる。

施設および育苗専用施設には紫外線カットフィルムを被覆し、アザミウマ成虫の侵入を防ぐ。

雑草はアザミウマの発生源になるので、施設の内外の雑草は定植前に除草する。

定植時

定植前後にうね面をマルチし、アザミウマが土中で蛹化するのを阻止する。

施設内に青色粘着トラップまたは青色粘着ロールシートを設置し、飛翔しているアザミウマの成虫を捕殺する。

生育初期

アザミウマの発生前〜発生初期に、巻末の品目別農薬表バラに示す生物農薬を使用する。アザミウマが多発してからでは効果が低いので、その場合は選択性農薬を使用してアザミウマの発生密度を低下させた後に使用する。また、厳寒期の使用は避け、秋期または春期の、最低温度が一五℃以上になる条件で使用する。

生育期・収穫期

アザミウマの増殖源となる、満開を過ぎた花を除去し、処分する。

アザミウマの発生がみられたら、巻末の農薬表に示す農薬をローテーション散布する。ミカンキイロとヒラズハナでは、蕾割れ前後に農薬を散布する。ミカンキイロおよびヒラズハナは、一部のネオニコチノイド系の殺虫剤に対して抵抗性が発達しているので、注意が必要である。アザミウマが多発している場合には、七日間隔で二～三回の農薬散布が必要である。

品種によって薬害が生じる恐れがあるので注意する。魚毒性や蚕毒性のある農薬は、取扱いに注意する。

生物農薬を使用する場合は、生物農薬に対して悪影響の小さい選択性農薬を散布する。とくに、表Ⅲ-4（六三ページ）に示した農薬で、バラおよび花き類・観葉植物に登録のある農薬の散布は控える。

収穫終了後

収穫終了後の五～十月には施設の開口部をすべて閉め切り、太陽熱により施設を蒸し込むことで、アザミウマを殺虫する。残渣は施設外に持ち出して処分する。

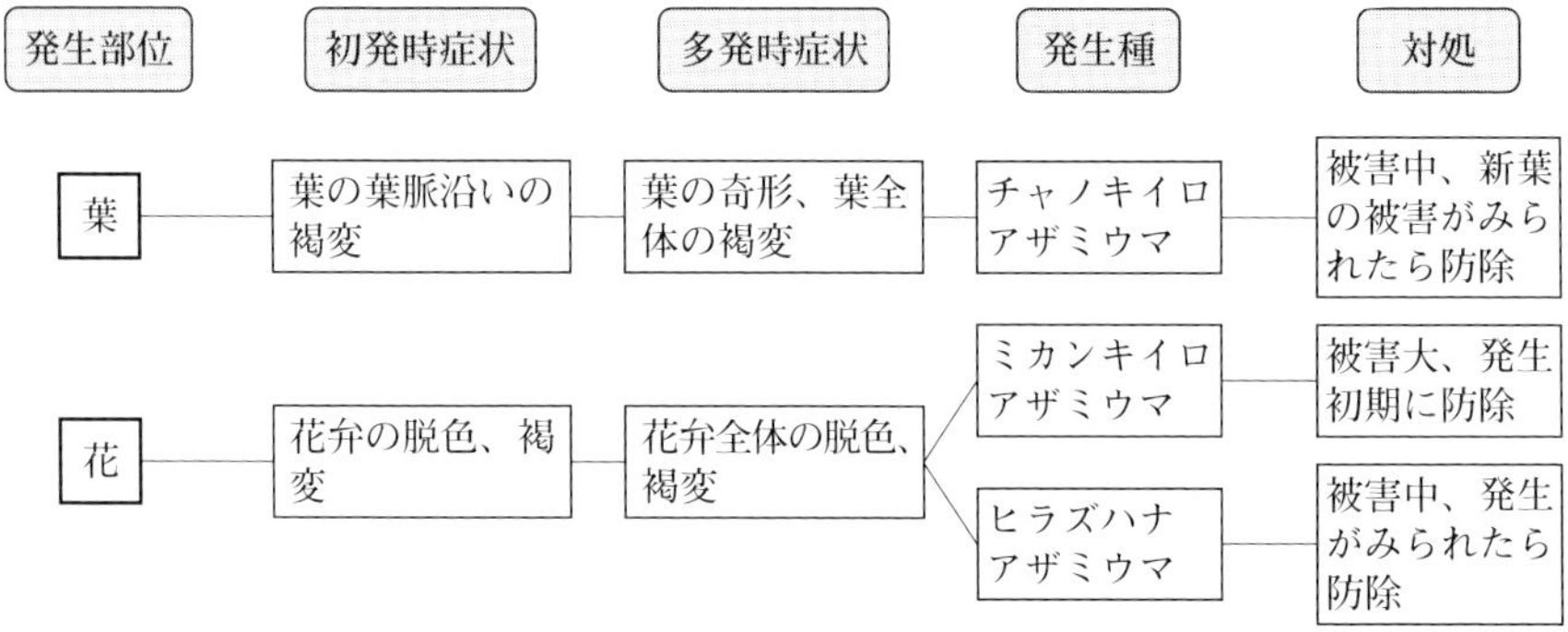

図Ⅳ-37　バラ（バラ科）の診断フローチャート

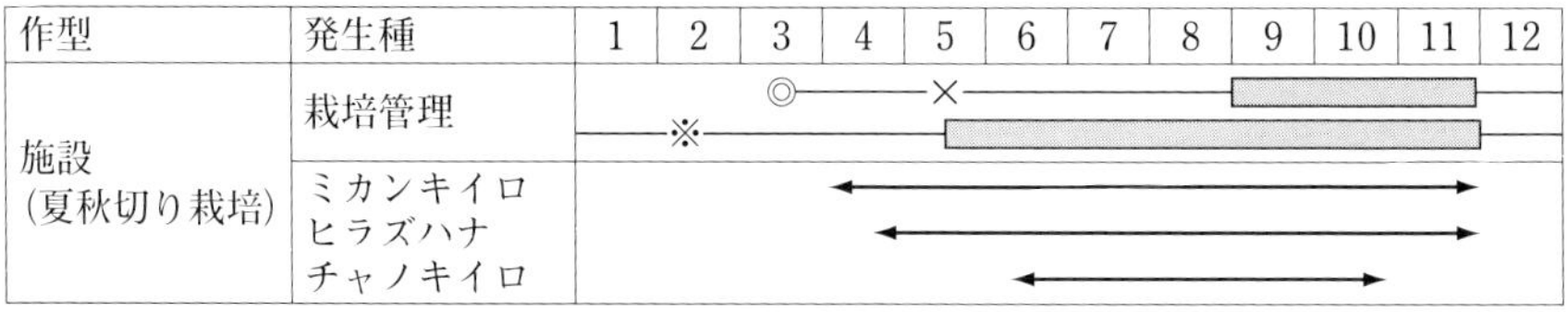

図Ⅳ-38　バラにおけるアザミウマの加害時期

（◎は定植、×は摘芯、※は剪定、▒は収穫を示す）

品目別 農薬表

＊収録した農薬情報は 2016 年 1 月現在。
農薬使用時には、最新の農薬登録をご確認ください。
（表中《　》内は「一般名の大分類」、《UN》は「作用機作不明剤」）

〈収録品目〉

ナス

商品名	一般名	使用倍数・量	使用時期	使用回数	使用方法	対象害虫：備考
《テトロン酸およびテトラミン酸誘導体》						
モベントフロアブル	スピロテトラマト水和剤	2000倍・100～300ℓ/10a	収穫前日まで	3回以内	散布	アザミウマ類
モベントフロアブル	スピロテトラマト水和剤	500倍・50mℓ/株	育苗期後半	1回	灌注	アザミウマ類
《ジアミド系》						
ベリマークSC	シアントラニリプロール水和剤	400倍・25mℓ/株	育苗期後半～定植当日	1回	灌注	アザミウマ類
ベリマークSC	シアントラニリプロール水和剤	800倍・50mℓ/株	育苗期後半～定植当日	1回	灌注	アザミウマ類
プリロッソ粒剤	シアントラニリプロール粒剤	2g/株	育苗期後半～定植時	1回	株元散布	アザミウマ類
《アベルメクチン系・ミルベマイシン系》						
アファーム乳剤	エマメクチン安息香酸塩乳剤	2000倍・100～300ℓ/10a	収穫前日まで	2回以内	散布	アザミウマ類
アグリメック	アバメクチン乳剤	500～1000倍・100～300ℓ/10a	収穫前日まで	3回以内	散布	アザミウマ類
《スピノシン系》						
ディアナSC	スピネトラム水和剤	2500～5000倍・100～300ℓ/10a	収穫前日まで	2回以内	散布	アザミウマ類
スピノエース顆粒水和剤	スピノサド水和剤	2500～5000倍・100～300ℓ/10a	収穫前日まで	2回以内	散布	アザミウマ類
《METI系》						
ハチハチ乳剤	トルフェンピラド乳剤	1000～2000倍・100～300ℓ/10a	収穫前日まで	2回以内	散布	アザミウマ類
ハチハチフロアブル	トルフェンピラド水和剤	1000倍・100～300ℓ/10a	収穫前日まで	2回以内	散布	アザミウマ類
《UN》						
プレオフロアブル	ピリダリル水和剤	1000倍・100～300ℓ/10a	収穫前日まで	4回以内	散布	ミナミキイロ
《クロルフェナピル》						
コテツフロアブル	クロルフェナピル水和剤	2000倍・100～300ℓ/10a	収穫前日まで	4回以内	散布	ミナミキイロ・ミカンキイロ
《ネオニコチノイド系》						
スタークル／アルバリン粒剤	ジノテフラン粒剤	1～2g/株	定植時	1回	植穴土壌混和	アザミウマ類
スタークル／アルバリン顆粒水溶剤	ジノテフラン水溶剤	2000倍・100～300ℓ/10a	収穫前日まで	2回以内	散布	アザミウマ類
ダントツ水溶剤	クロチアニジン水溶剤	2000倍・100～300ℓ/10a	収穫前日まで	3回以内	散布	ミナミキイロ
《ベンゾイル尿素系》						
カウンター乳剤	ノバルロン乳剤	2000倍・100～300ℓ/10a	収穫前日まで	4回以内	散布	アザミウマ類
《生物農薬》						
ボタニガードES	ボーベリア バシアーナ乳剤	500～1000倍・100～300ℓ/10a	発生初期	－	散布	アザミウマ類：野菜類
ボタニガード水和剤	ボーベリア バシアーナ水和剤	1000倍・100～300ℓ/10a	発生初期	－	散布	アザミウマ類：野菜類（施設栽培）
パイレーツ粒剤	メタリジウム アニソプリエ粒剤	5g/株（5kg/10a）	発生前～発生初期	－	株元散布	アザミウマ類：ナス（施設栽培）
スワルスキー	スワルスキーカブリダニ剤	250～500mℓ/10a（約25000～50000頭/10a）	発生直前～発生初期	－	放飼	アザミウマ類：野菜類（施設栽培）、ナス（露地栽培）
スワルスキープラス	スワルスキーカブリダニ剤	100～200パック/10a（約25000～50000頭/10a）	発生直前～発生初期	－	茎や枝などに吊り下げて放飼	アザミウマ類：野菜類（施設栽培）
タイリク	タイリクヒメハナカメムシ剤	500～2000mℓ/10a（約500～2000頭）	発生初期	－	放飼	アザミウマ類：野菜類（施設栽培）
オリスターA	タイリクヒメハナカメムシ剤	0.5～2ℓ/10a（約500～2000頭）	発生初期	－	放飼	アザミウマ類：野菜類（施設栽培）

ピーマン・トウガラシ類

商品名	一般名	使用倍数・量	使用時期	使用回数	使用方法	対象害虫：備考
《テトロン酸およびテトラミン酸誘導体》						
モベントフロアブル	スピロテトラマト水和剤	2000倍・100～300ℓ/10a	収穫前日まで	3回以内	散布	アザミウマ類
モベントフロアブル	スピロテトラマト水和剤	500倍・50mℓ/株	育苗期後半	1回	灌注	アザミウマ類
《ジアミド系》						
ベリマークSC	シアントラニリプロール水和剤	400倍・25mℓ/株	育苗期後半～定植当日	1回	灌注	アザミウマ類：ピーマンのみ農薬登録
ベリマークSC	シアントラニリプロール水和剤	800倍・50mℓ/株	育苗期後半～定植当日	1回	灌注	アザミウマ類：ピーマンのみ農薬登録
プリロッソ粒剤	シアントラニリプロール粒剤	2g/株	育苗期後半～定植時	1回	株元散布	アザミウマ類：ピーマンのみ農薬登録
《アベルメクチン系・ミルベマイシン系》						
アグリメック	アバメクチン乳剤	500～1000倍・100～300ℓ/10a	収穫前日まで	3回以内	散布	アザミウマ類：ピーマンのみ農薬登録
《スピノシン系》						
ディアナSC	スピネトラム水和剤	2500～5000倍・100～300ℓ/10a	収穫前日まで	2回以内	散布	アザミウマ類：ピーマンのみ農薬登録
スピノエース顆粒水和剤	スピノサド水和剤	5000倍・100～300ℓ/10a	収穫前日まで	2回以内	散布	アザミウマ類：ピーマンのみ農薬登録
スピノエース顆粒水和剤	スピノサド水和剤	20000倍・100～300ℓ/10a	収穫前日まで	2回以内	散布	アザミウマ類：シシトウ、甘長トウガラシのみ農薬登録
《METI系》						
ハチハチ乳剤	トルフェンピラド乳剤	1000～2000倍・100～300ℓ/10a	収穫前日まで	2回以内	散布	アザミウマ類：ピーマンのみ農薬登録
《UN》						
プレオフロアブル	ピリダリル水和剤	1000倍・100～300ℓ/10a	収穫前日まで	2回以内	散布	ミナミキイロ
《クロルフェナピル》						
コテツフロアブル	クロルフェナピル水和剤	2000倍・100～300ℓ/10a	収穫前日まで	2回以内	散布	ミナミキイロ・ミカンキイロ
《ネオニコチノイド系》						
スタークル/アルバリン粒剤	ジノテフラン粒剤	1～2g/株	定植時	1回	植穴土壌混和	アザミウマ類
スタークル/アルバリン顆粒水和剤	ジノテフラン水溶剤	2000倍・100～300ℓ/10a	収穫前日まで	2回以内	散布	アザミウマ類
ダントツ水溶剤	クロチアニジン水溶剤	2000倍・100～300ℓ/10a	収穫前日まで	ピーマン：2回以内、トウガラシ類：3回以内	散布	ミナミキイロ
《その他の系統》						
キルパー	カーバムナトリウム塩液剤	原液として40～60ℓ/10a	前作終了後から播種または定植の15日前まで	1回	あらかじめ被覆した内で、所定量の薬液を水で希釈し土壌表面に散布または灌水	アザミウマ類蔓延防止
《生物農薬》						
ボタニガードES	ボーベリア バシアーナ乳剤	500～1000倍・100～300ℓ/10a	発生初期	－	散布	アザミウマ類：野菜類
ボタニガード水和剤	ボーベリア バシアーナ水和剤	1000倍・100～300ℓ/10a	発生初期	－	散布	アザミウマ類：野菜類（施設栽培）
パイレーツ粒剤	メタリジウム アニソプリエ粒剤	5g/株（5kg/10a）	発生前～発生初期	－	株元散布	アザミウマ類：ピーマン（施設栽培）
スワルスキー	スワルスキーカブリダニ剤	250～500mℓ/10a（約25000～50000頭/10a）	発生直前～発生初期	－	放飼	アザミウマ類：野菜類（施設栽培）
スワルスキープラス	スワルスキーカブリダニ剤	100～200パック/10a（約25000～50000頭/10a）	発生直前～発生初期	－	茎や枝などに吊り下げて放飼	アザミウマ類：野菜類（施設栽培）
タイリク	タイリクヒメハナカメムシ剤	500～2000mℓ/10a（約500～2000頭）	発生初期	－	放飼	アザミウマ類：野菜類（施設栽培）
オリスターA	タイリクヒメハナカメムシ剤	0.5～2ℓ/10a（約500～2000頭）	発生初期	－	放飼	アザミウマ類：野菜類（施設栽培）

トマト・ミニトマト

商品名	一般名	使用倍数・量	使用時期	使用回数	使用方法	対象害虫：備考
《テトロン酸およびテトラミン酸誘導体》						
モベントフロアブル	スピロテトラマト水和剤	2000倍・100～300ℓ/10a	収穫前日まで	3回以内	散布	アザミウマ類
モベントフロアブル	スピロテトラマト水和剤	1000倍・50mℓ/株	育苗期後半	1回	灌注	アザミウマ類
《ジアミド系》						
プリロッソ粒剤	シアントラニリプロール粒剤	2g/株	育苗期後半～定植時	1回	株元散布	アザミウマ類：トマトのみ農薬登録
《スピノシン系》						
スピノエース顆粒水和剤	スピノサド水和剤	5000倍・100～300ℓ/10a	収穫前日まで	2回以内	散布	アザミウマ類
ディアナSC	スピネトラム水和剤	2500～5000倍・100～300ℓ/10a	収穫前日まで	2回以内	散布	アザミウマ類
《アベルメクチン系・ミルベマイシン系》						
アニキ乳剤	レピメクチン乳剤	1000～2000倍・100～300ℓ/10a	収穫前日まで	3回以内	散布	ミカンキイロ
《METI系》						
ハチハチ乳剤	トルフェンピラド乳剤	1000～2000倍・100～300ℓ/10a	収穫前日まで	2回以内	散布	アザミウマ類：トマトのみ農薬登録
ハチハチ乳剤	トルフェンピラド乳剤	2000倍・100～300ℓ/10a	収穫前日まで	2回以内	散布	アザミウマ類：ミニトマトのみ農薬登録
ハチハチフロアブル	トルフェンピラド水和剤	1000倍・100～300ℓ/10a	収穫前日まで	2回以内	散布	アザミウマ類
《クロルフェナピル》						
コテツフロアブル	クロルフェナピル水和剤	2000倍・100～300ℓ/10a	収穫前日まで	3回以内	散布	ミカンキイロ
《ネオニコチノイド系》						
ベストガード水溶剤	ニテンピラム水溶剤	1000～2000倍・100～300ℓ/10a	収穫前日まで	3回以内	散布	アザミウマ類
モスピラン水溶剤・顆粒水溶剤	アセタミプリド水溶剤	2000倍・100～300ℓ/10a	収穫前日まで	3回以内	散布	アザミウマ類
《ベンゾイル尿素系》						
マッチ乳剤	ルフェヌロン乳剤	1000～2000倍・100～300ℓ/10a	収穫前日まで	4回以内	散布	ミカンキイロ：トマトのみ農薬登録
マッチ乳剤	ルフェヌロン乳剤	2000倍・100～300ℓ/10a	収穫前日まで	2回以内	散布	ミカンキイロ：ミニトマトのみ農薬登録
《生物農薬》						
ボタニガードES	ボーベリア・バシアーナ乳剤	500～1000倍・100～300ℓ/10a	発生初期	–	散布	アザミウマ類：野菜類
ボタニガード水和剤	ボーベリア バシアーナ水和剤	1000倍・100～300ℓ/10a	発生初期	–	散布	アザミウマ類：野菜類（施設栽培）
タイリク	タイリクヒメハナカメムシ剤	500～2000mℓ/10a（約500～2000頭）	発生初期	–	放飼	アザミウマ類：野菜類（施設栽培）
オリスターA	タイリクヒメハナカメムシ剤	0.5～2ℓ/10a（約500～2000頭）	発生初期	–	放飼	アザミウマ類：野菜類（施設栽培）

キュウリ・メロン・スイカ

商品名	一般名	使用倍数・量	使用時期	使用回数	使用方法	対象害虫：備考
《テトロン酸およびテトラミン酸誘導体》						
モベントフロアブル	スピロテトラマト水和剤	2000倍・100～300ℓ/10a	収穫前日まで	3回以内	散布	アザミウマ類
モベントフロアブル	スピロテトラマト水和剤	500倍・50mℓ/株	育苗期後半	1回	灌注	アザミウマ類
《ジアミド系》						
ベリマークSC	シアントラニリプロール水和剤	400倍・25mℓ/株	育苗期後半～定植当日	1回	灌注	アザミウマ類
ベリマークSC	シアントラニリプロール水和剤	800倍・50mℓ/株	育苗期後半～定植当日	1回	灌注	アザミウマ類：キュウリのみ農薬登録
プリロッソ粒剤	シアントラニリプロール粒剤	2g/株	育苗期後半～定植時	1回	株元散布	アザミウマ類：キュウリのみ農薬登録
《アベルメクチン系・ミルベマイシン系》						
アファーム乳剤	エマメクチン安息香酸塩乳剤	2000倍・100～300ℓ/10a	収穫前日まで	2回以内	散布	ミナミキイロ：キュウリのみ農薬登録
アファーム乳剤	エマメクチン安息香酸塩乳剤	1000～2000倍・100～300ℓ/10a	収穫前日まで	2回以内	散布	ミナミキイロ・ミカンキイロ：メロンのみ農薬登録
アファーム乳剤	エマメクチン安息香酸塩乳剤	1000～2000倍・100～300ℓ/10a	収穫前日まで	3回以内	散布	アザミウマ類：スイカのみ農薬登録
アグリメック	アバメクチン乳剤	500～1000倍・100～300ℓ/10a	収穫前日まで	3回以内	散布	アザミウマ類：メロン・スイカのみ農薬登録
《スピノシン系》						
ディアナSC	スピネトラム水和剤	2500～5000倍・100～300ℓ/10a	収穫前日まで	2回以内	散布	アザミウマ類：キュウリ・メロンのみ農薬登録
スピノエース顆粒水和剤	スピノサド水和剤	5000倍・100～300ℓ/10a	収穫前日まで	2回以内	散布	アザミウマ類
《METI系》						
ハチハチ乳剤	トルフェンピラド乳剤	1000～2000倍・100～300ℓ/10a	収穫前日まで	2回以内	散布	アザミウマ類：キュウリ・スイカのみ農薬登録
ハチハチフロアブル	トルフェンピラド水和剤	1000倍・100～300ℓ/10a	収穫前日まで	2回以内	散布	アザミウマ類：スイカのみ農薬登録
《UN》						
プレオフロアブル	ピリダリル水和剤	1000倍・100～300ℓ/10a	収穫前日まで	2回以内	散布	ミナミキイロ：キュウリ・メロンのみ農薬登録
《クロルフェナピル》						
コテツフロアブル	クロルフェナピル水和剤	2000倍・100～300ℓ/10a	収穫前日まで	3回以内	散布	ミナミキイロ・ミカンキイロ：キュウリのみ農薬登録
コテツフロアブル	クロルフェナピル水和剤	4000倍・100～300ℓ/10a	収穫前日まで	2回以内	散布	ミナミキイロ：スイカのみ農薬登録
《ネオニコチノイド系》						
ダントツ粒剤	クロチアニジン粒剤	1g/株	育苗期後半	1回	株元処理	ミナミキイロ：キュウリのみ農薬登録
ダントツ粒剤	クロチアニジン粒剤	2g/株	定植時	1回	植穴処理土壌混和	ミナミキイロ：キュウリのみ農薬登録
ダントツ粒剤	クロチアニジン粒剤	2g/株	定植時	1回	植穴処理土壌混和	ミナミキイロ：メロンのみ農薬登録
ダントツ粒剤	クロチアニジン粒剤	1～2g/株	定植時	1回	植穴処理土壌混和	ミナミキイロ：スイカのみ農薬登録
ダントツ水溶剤	クロチアニジン水溶剤	2000～4000倍・100～300ℓ/10a	収穫前日まで	3回以内	散布	ミナミキイロ：キュウリ・メロンのみ農薬登録
ダントツ水溶剤	クロチアニジン水溶剤	2000倍・100～300ℓ/10a	収穫前日まで	3回以内	散布	ミナミキイロ：スイカのみ農薬登録
ベストガード水溶剤	ニテンピラム水溶剤	1000～2000倍・100～300ℓ/10a	キュウリ：収穫前日まで、スイカ・メロン：収穫7日前まで	3回以内	散布	ミナミキイロ

キュウリ・メロン・スイカ（続き）

商品名	一般名	使用倍数・量	使用時期	使用回数	使用方法	対象害虫：備考
《ベンゾイル尿素系》						
カスケード乳剤	フルフェノクスロン乳剤	2000 ～ 4000倍・100 ～ 300ℓ /10a	キュウリ：収穫前日まで、スイカ・メロン：収穫7日前まで	キュウリ・スイカ：4回以内、メロン3回以内	散布	ミナミキイロ
《その他の系統》						
キルパー	カーバムナトリウム塩液剤	原液として40～60ℓ /10a	前作終了後から播種または定植の15日前まで	1回	あらかじめ被覆した内で、所定量の薬液を水で希釈し土壌表面に散布または灌水	アザミウマ類蔓延防止：キュウリのみ農薬登録
《生物農薬》						
ボタニガードES	ボーベリア バシアーナ乳剤	500 ～ 1000倍・100 ～ 300ℓ /10a	発生初期	－	散布	アザミウマ類：野菜類
ボタニガード水和剤	ボーベリア バシアーナ水和剤	1000倍・100 ～ 300ℓ /10a	発生初期	－	散布	アザミウマ類：野菜類（施設栽培）
パイレーツ粒剤	メタリジウム アニソプリエ粒剤	5g/株（5kg /10a）	発生前～発生初期	－	株元散布	アザミウマ類：野菜類（施設栽培）
スワルスキー	スワルスキーカブリダニ剤	250 ～ 500mℓ /10a（約25000 ～ 50000頭/10a）	発生直前～発生初期	－	放飼	アザミウマ類：野菜類（施設栽培）
スワルスキープラス	スワルスキーカブリダニ剤	100 ～ 200パック/10a（約25000 ～ 50000頭/10a）	発生直前～発生初期	－	茎や枝などに吊り下げて放飼	アザミウマ類：野菜類（施設栽培）
タイリク	タイリクヒメハナカメムシ剤	500 ～ 2000mℓ /10a（約500 ～ 2000頭）	発生初期	－	放飼	アザミウマ類：野菜類（施設栽培）
オリスター A	タイリクヒメハナカメムシ剤	0.5 ～ 2ℓ /10a（約500 ～ 2000頭）	発生初期	－	放飼	アザミウマ類：野菜類（施設栽培）

タマネギ・ネギ

商品名	一般名	使用倍数・量	使用時期	使用回数	使用方法	対象害虫：備考
《スピノシン系》						
ディアナSC	スピネトラム水和剤	2500 ～ 5000倍・100 ～ 300ℓ /10a	収穫前日まで	2回以内	散布	アザミウマ類
スピノエース顆粒水和剤	スピノサド水和剤	2500 ～ 5000倍・100 ～ 300ℓ /10a	収穫3日前まで	3回以内	散布	アザミウマ類：ネギのみ農薬登録
《ジアミド系》						
ベリマークSC	シアントラニリプロール水和剤	400倍・セル成型育苗トレイ1箱またはペーパーポット1冊(約30×60cm、使用土壌約1.5～4ℓ)当たり0.5ℓ	育苗期後半～定植当日	1回	灌注	ネギアザミウマ：ネギのみ農薬登録
ベリマークSC	シアントラニリプロール水和剤	2000倍・0.5ℓ /㎡	収穫7日前まで	1回	株元灌注	ネギアザミウマ：ネギのみ農薬登録
《アベルメクチン系・ミルベマイシン系》						
アグリメック	アバメクチン乳剤	500 ～ 1000倍・100 ～ 300ℓ /10a	収穫3日前まで	3回以内	散布	ネギアザミウマ：ネギのみ農薬登録
アニキ乳剤	レピメクチン乳剤	1000倍・100 ～ 300ℓ /10a	収穫3日前まで	3回以内	散布	ネギアザミウマ：ネギのみ農薬登録
《METI系》						
ハチハチ乳剤	トルフェンピラド乳剤	1000倍・100 ～ 300ℓ /10a	収穫3日前まで	2回以内	散布	アザミウマ類：ネギのみ農薬登録
《UN》						
プレオフロアブル	ピリダリル水和剤	1000倍・100 ～ 300ℓ /10a	収穫3日前まで	タマネギ：2回以内、ネギ：4回以内	散布	ネギアザミウマ

商品名	一般名	使用倍数・量	使用時期	使用回数	使用方法	対象害虫：備考
《ネオニコチノイド系》						
スタークル／アルバリン粒剤	ジノテフラン粒剤	6kg /10a	播種時	1回	植溝土壌混和	アザミウマ類：ネギのみ農薬登録
スタークル・アルバリン粒剤	ジノテフラン粒剤	6kg /10a	定植時	1回	株元散布	アザミウマ類：ネギのみ農薬登録
スタークル／アルバリン粒剤	ジノテフラン粒剤	6kg /10a	生育期、ただし収穫3日前まで	2回以内	株元散布	アザミウマ類：ネギのみ農薬登録
スタークル／アルバリン顆粒水溶剤	ジノテフラン水溶剤	50倍・セル成型育苗トレイ1箱またはペーパーポット1冊(30×60㎝・使用土壌約1.5～4.0ℓ)当たり0.5ℓ	定植前日～定植時	1回	灌注	アザミウマ類：ネギのみ農薬登録
スタークル／アルバリン顆粒水溶剤	ジノテフラン水溶剤	400倍・0.4ℓ /㎡	生育期　ただし収穫14日前まで	1回	株元灌注	アザミウマ類：ネギのみ農薬登録
スタークル／アルバリン顆粒水溶剤	ジノテフラン水溶剤	2000倍・100～300ℓ /10a	収穫3日前まで	2回以内	散布	アザミウマ類：ネギのみ農薬登録
アドマイヤー顆粒水和剤	イミダクロプリド水和剤	5000～10000倍・100～300ℓ /10a	収穫14日前まで	2回以内	散布	アザミウマ類：タマネギのみ農薬登録
アドマイヤー顆粒水和剤	イミダクロプリド水和剤	5000倍・100～300ℓ /10a	収穫14日前まで	2回以内	散布	アザミウマ類：ネギのみ農薬登録
モスピラン水溶剤・顆粒水溶剤	アセタミプリド水溶剤	2000倍・100～300ℓ /10a	収穫7日前まで	3回以内	散布	アザミウマ類
《ピレスロイド系》						
アグロスリン乳剤	シペルメトリン乳剤	2000倍・100～300ℓ /10a	収穫7日前まで	5回以内	散布	アザミウマ類
《生物農薬》						
ボタニガードES	ボーベリア バシアーナ乳剤	500～1000倍・100～300ℓ /10a	発生初期	―	散布	アザミウマ類：野菜類

アスパラガス

商品名	一般名	使用倍数・量	使用時期	使用回数	使用方法	対象害虫：備考
《スピノシン系》						
ディアナSC	スピネトラム水和剤	2500 ～ 5000倍・100 ～ 500ℓ /10a	収穫前日まで	2回以内	散布	アザミウマ類
スピノエース顆粒水和剤	スピノサド水和剤	5000倍・100～300ℓ /10a	収穫前日まで	2回以内	散布	アザミウマ類
《METI系》						
ハチハチフロアブル	トルフェンピラド水和剤	1000倍・100～800ℓ /10a	収穫前日まで	2回以内	散布	ネギアザミウマ
《UN》						
プレオフロアブル	ピリダリル水和剤	1000倍・100～300ℓ /10a	収穫前日まで	2回以内	散布	ネギアザミウマ
コルト顆粒水和剤	ピリフルキナゾン水和剤	4000倍・100～700ℓ /10a	収穫前日まで	3回以内	散布	ネギアザミウマ
《ネオニコチノイド系》						
スタークル／アルバリン顆粒水溶剤	ジノテフラン水溶剤	2000倍・100～800ℓ /10a	収穫前日まで	3回以内	散布	アザミウマ類
ダントツ水溶剤	クロチアニジン水溶剤	2000～4000倍・100～300ℓ /10a	収穫前日まで	3回以内	散布	ネギアザミウマ
《生物農薬》						
ボタニガードES	ボーベリア バシアーナ乳剤	500～1000倍・100～300ℓ /10a	発生初期	―	散布	アザミウマ類：野菜類
ボタニガード水和剤	ボーベリア バシアーナ水和剤	1000倍・100～300ℓ /10a	発生初期	―	散布	アザミウマ類：野菜類（施設栽培）
スワルスキー	スワルスキーカブリダニ剤	250～500mℓ /10a（約25000～50000頭/10a）	発生直前～発生初期	―	放飼	アザミウマ類：野菜類（施設栽培）
スワルスキープラス	スワルスキーカブリダニ剤	100～200パック /10a（約25000～50000頭/10a）	発生直前～発生初期	―	茎や枝などに吊り下げて放飼	アザミウマ類：野菜類（施設栽培）
タイリク	タイリクヒメハナカメムシ剤	500～2000mℓ /10a（約500～2000頭）	発生初期	―	放飼	アザミウマ類：野菜類（施設栽培）
オリスターA	タイリクヒメハナカメムシ剤	0.5～2ℓ /10a（約500～2000頭）	発生初期	―	放飼	アザミウマ類：野菜類（施設栽培）

イチゴ

商品名	一般名	使用倍数・量	使用時期	使用回数	使用方法	対象害虫：備考
《テトロン酸およびテトラミン酸誘導体》						
モベントフロアブル	スピロテトラマト水和剤	2000倍・100～300ℓ /10a	収穫前日まで	3回以内	散布	アザミウマ類
モベントフロアブル	スピロテトラマト水和剤	500倍・50mℓ /株	育苗期後半	1回	灌注	アザミウマ類
《スピノシン系》						
ディアナSC	スピネトラム水和剤	2500 ～ 5000倍・100 ～ 300ℓ /10a	収穫前日まで	2回以内	散布	アザミウマ類
スピノエース顆粒水和剤	スピノサド水和剤	5000倍・100～300ℓ /10a	収穫前日まで	2回以内	散布	アザミウマ類
《METI系》						
ハチハチフロアブル	トルフェンピラド水和剤	1000倍・100～300ℓ /10a	収穫前日まで	2回以内	散布	アザミウマ類
《クロルフェナピル》						
コテツフロアブル	クロルフェナピル水和剤	2000倍・100～300ℓ /10a	収穫前日まで	2回以内	散布	ミカンキイロ
《ネオニコチノイド系》						
モスピラン水溶剤・顆粒水溶剤	アセタミプリド水溶剤	2000倍・100～300ℓ /10a	収穫前日まで	2回以内	散布	アザミウマ類
《ベンゾイル尿素系》						
カウンター乳剤	ノバルロン乳剤	2000倍・100～300ℓ /10a	収穫前日まで	4回以内	散布	アザミウマ類
マッチ乳剤	ルフェヌロン乳剤	1000 ～ 2000倍・100 ～ 300ℓ /10a	収穫前日まで	4回以内	散布	ミカンキイロ
《生物農薬》						
ボタニガードES	ボーベリア バシアーナ乳剤	500～1000倍・100～300ℓ /10a	発生初期	—	散布	アザミウマ類：野菜類
ボタニガード水和剤	ボーベリア バシアーナ水和剤	1000倍・100～300ℓ /10a	発生初期	—	散布	アザミウマ類：野菜類（施設栽培）
スワルスキー	スワルスキーカブリダニ剤	250～500mℓ /10a（約25000～50000頭/10a）	発生直前～発生初期	—	放飼	アザミウマ類：野菜類（施設栽培）
スワルスキープラス	スワルスキーカブリダニ剤	100～200パック/10a（約25000～50000頭/10a）	発生直前～発生初期	—	茎や枝などに吊り下げて放飼	アザミウマ類：野菜類（施設栽培）
タイリク	タイリクヒメハナカメムシ剤	500～2000mℓ /10a（約500～2000頭）	発生初期	—	放飼	アザミウマ類：野菜類（施設栽培）
オリスターA	タイリクヒメハナカメムシ剤	0.5～2ℓ /10a（約500～2000頭）	発生初期	—	放飼	アザミウマ類：野菜類（施設栽培）

キャベツ・ハクサイ・ブロッコリー

商品名	一般名	使用倍数・量	使用時期	使用回数	使用方法	対象害虫：備考
《ジアミド系》						
ベリマークSC	シアントラニリプロール水和剤	400倍　セル成型育苗トレイ1箱またはペーパーポット1冊（約30×60cm、使用土壌約1.5～4ℓ）当たり0.5ℓ	育苗期後半～定植当日	1回	灌注	アザミウマ類：キャベツ・ブロッコリーのみ農薬登録
プリロッソ粒剤	シアントラニリプロール粒剤	2g/株	育苗期後半～定植時	1回	株元散布	ネギアザミウマ：キャベツのみ農薬登録
プリロッソ粒剤	シアントラニリプロール粒剤	セル成型育苗トレイ1箱またはペーパーポット1冊（約30×60cm、使用土壌約1.5～4ℓ）当たり50g	育苗期後半～定植時	1回	本剤の所定量をセル成型育苗トレイまたはペーパーポットの上から均一に散布	ネギアザミウマ：キャベツのみ農薬登録
《スピノシン系》						
ディアナSC	スピネトラム水和剤	2500～5000倍・100～300ℓ /10a	収穫前日まで	2回以内	散布	アザミウマ類
スピノエース顆粒水和剤	スピノサド水和剤	5000倍・100～300ℓ /10a	収穫3日前まで	3回以内	散布	アザミウマ類：キャベツのみ農薬登録

商品名	一般名	使用倍数・量	使用時期	使用回数	使用方法	対象害虫：備考
《フェニルピラゾール系》						
プリンスフロアブル	フェプロニル水和剤	2000倍・100～300ℓ/10a	キャベツ：収穫14日前まで、ハクサイ：収穫21日前まで	2回以内	散布	ネギアザミウマ：キャベツ・ハクサイのみ農薬登録
《METI系》						
ハチハチ乳剤	トルフェンピラド乳剤	1000倍・100～300ℓ/10a	収穫14日前まで	2回以内	散布	アザミウマ類：キャベツのみ農薬登録
ハチハチフロアブル	トルフェンピラド水和剤	1000倍・100～300ℓ/10a	収穫14日前まで	2回以内	散布	アザミウマ類：キャベツのみ農薬登録
《ネオニコチノイド系》						
ジュリボフロアブル	クロラントラニリプロール・チアメトキサム水和剤	200倍　セル成型育苗トレイ1箱またはペーパーポット1冊（約30×60cm、使用土壌約1.5～4ℓ）当たり0.5ℓ	育苗期後半～定植当日	1回	灌注	ネギアザミウマ：キャベツ・ブロッコリーのみ農薬登録
ジュリボフロアブル	クロラントラニリプロール・チアメトキサム水和剤	1000倍　苗地床1m²当たり2ℓ	播種時～育苗期後半	1回	灌注	ネギアザミウマ：キャベツのみ農薬登録
モスピラン水溶剤・顆粒水溶剤	アセタミプリド水溶剤	2000～4000倍・100～300ℓ/10a	収穫7日前まで	5回以内	散布	アザミウマ類：キャベツのみ農薬登録
モスピラン水溶剤・顆粒水溶剤	アセタミプリド水溶剤	2000倍・100～300ℓ/10a	収穫14日前まで	3回以内	散布	アザミウマ類：ブロッコリーのみ農薬登録
《UN》						
コルト顆粒水和剤	ピリフルキナゾン水和剤	3000倍・100～300ℓ/10a	収穫前日まで	3回以内	散布	ネギアザミウマ：キャベツのみ農薬登録
《生物農薬》						
ボタニガードES	ボーベリア バシアーナ乳剤	500～1000倍・100～300ℓ/10a	発生初期	–	散布	アザミウマ類：野菜類

シュンギク

商品名	一般名	使用倍数・量	使用時期	使用回数	使用方法	対象害虫：備考
《アベルメクチン系・ミルベマイシン系》						
アファーム乳剤	エマメクチン安息香酸塩乳剤	2000倍・100～300ℓ/10a	収穫7日前まで	2回以内	散布	アザミウマ類
《ベンゾイル尿素系》						
カスケード乳剤	フルフェノクスロン乳剤	2000～4000倍・100～300ℓ/10a	収穫7日前まで	2回以内	散布	アザミウマ類
《生物農薬》						
ボタニガードES	ボーベリア バシアーナ乳剤	500～1000倍・100～300ℓ/10a	発生初期	–	散布	アザミウマ類：野菜類
ボタニガード水和剤	ボーベリア バシアーナ水和剤	1000倍・100～300ℓ/10a	発生初期	–	散布	アザミウマ類：野菜類（施設栽培）

ホウレンソウ

商品名	一般名	使用倍数・量	使用時期	使用回数	使用方法	対象害虫：備考
《スピノシン系》						
スピノエース顆粒水和剤	スピノサド水和剤	5000倍・100～300ℓ/10a	収穫前日まで	2回以内	散布	アザミウマ類
《ネオニコチノイド系》						
アドマイヤーフロアブル	イミダクロプリド水和剤	4000倍・100～300ℓ/10a	収穫前日まで	2回以内	散布	アザミウマ類
《ネライストキシン類縁体》						
パダンSG水溶剤	カルタップ水溶剤	1500倍・100～300ℓ/10a	収穫7日前まで	2回以内	散布	ミナミキイロ
パダン粒剤4	カルタップ粒剤	6kg/10a	播種時、発芽揃時	2回以内	土壌表面散布および茎葉散布	ミナミキイロ
《生物農薬》						
ボタニガードES	ボーベリア バシアーナ乳剤	500～1000倍・100～300ℓ/10a	発生初期	―	散布	アザミウマ類：野菜類
ボタニガード水和剤	ボーベリア バシアーナ水和剤	1000倍・100～300ℓ/10a	発生初期	―	散布	アザミウマ類：野菜類（施設栽培）

エンドウ・ソラマメなど豆類（未成熟）

商品名	一般名	使用倍数・量	使用時期	使用回数	使用方法	対象害虫：備考
《スピノシン系》						
ディアナSC	スピネトラム水和剤	5000倍・100～300ℓ/10a	収穫前日まで	2回以内	散布	アザミウマ類：豆類（未成熟）
スピノエース顆粒水和剤	スピノサド水和剤	5000倍・100～300ℓ/10a	収穫前日まで	2回以内	散布	アザミウマ類：未成熟ササゲのみ農薬登録
《ネオニコチノイド系》						
モスピラン水溶剤・顆粒水溶剤	アセタミプリド水溶剤	4000倍・100～300ℓ/10a	収穫7日前まで	3回以内	散布	アザミウマ類：豆類（未成熟、ただし、エダマメ、サヤインゲン、サヤエンドウを除く）のみ農薬登録
モスピラン水溶剤・顆粒水溶剤	アセタミプリド水溶剤	4000倍・100～300ℓ/10a	収穫7日前まで	3回以内	散布	アザミウマ類：エダマメのみ農薬登録
モスピラン水溶剤・顆粒水溶剤	アセタミプリド水溶剤	4000倍・100～300ℓ/10a	収穫前日まで	3回以内	散布	アザミウマ類：サヤエンドウのみ農薬登録
《ピレスロイド系》						
アディオン乳剤	ペルメトリン乳剤	3000倍・100～300ℓ/10a	収穫14日前まで	3回以内	散布	アザミウマ類：豆類（未成熟、ただし、サヤエンドウ、未成熟ソラマメを除く）のみ農薬登録
アディオン乳剤	ペルメトリン乳剤	3000倍・100～300ℓ/10a	収穫7日前まで	3回以内	散布	アザミウマ類：未成熟ソラマメのみ農薬登録
《生物農薬》						
ボタニガードES	ボーベリア バシアーナ乳剤	500～1000倍・100～300ℓ/10a	発生初期	―	散布	アザミウマ類：野菜類

カンキツ

商品名	一般名	使用倍数・量	使用時期	使用回数	使用方法	対象害虫：備考
《ジアミド系》						
エクシレルSE	シアントラニリプロール水和剤	5000倍・200～700ℓ/10a	収穫前日まで	3回以内	散布	チャノキイロ
《アベルメクチン系・ミルベマイシン系》						
アファーム乳剤	エマメクチン安息香酸塩乳剤	1000～2000倍・200～700ℓ/10a	収穫3日前まで	2回以内	散布	アザミウマ類：ミカンのみ農薬登録
《スピノシン系》						
ディアナWDG	スピネトラム水和剤	5000～10000倍・200～700ℓ/10a	収穫前日まで	2回以内	散布	アザミウマ類
スピノエースフロアブル	スピノサド水和剤	4000～6000倍・200～700ℓ/10a	収穫7日前まで	2回以内	散布	アザミウマ類
《METI系》						
ハチハチフロアブル	トルフェンピラド水和剤	1000～2000倍・200～700ℓ/10a	収穫前日まで	2回以内	散布	アザミウマ類
《フェニルピラゾール系》						
キラップフロアブル	エチプロール水和剤	1000～2000倍・200～700ℓ/10a	収穫21日前まで	2回以内	散布	チャノキイロ
《クロルフェナピル》						
コテツフロアブル	クロルフェナピル水和剤	2000～6000倍・200～700ℓ/10a	収穫前日まで	2回以内	散布	アザミウマ類（ネギアザミウマを除く）
《UN》						
コルト顆粒水和剤	ピリフルキナゾン水和剤	3000倍・200～700ℓ/10a	収穫前日まで	3回以内	散布	チャノキイロ
《ネオニコチノイド系》						
モスピラン水溶剤・顆粒水溶剤	アセタミプリド水溶剤	2000～4000倍・200～700ℓ/10a	収穫14日前まで	3回以内	散布	アザミウマ類
アドマイヤー顆粒水溶剤	イミダクロプリド水和剤	5000～10000倍・200～700ℓ/10a	収穫14日前まで	3回以内	散布	アザミウマ類
ダントツ水溶剤	クロチアニジン水溶剤	2000～4000倍・200～700ℓ/10a	収穫前日まで	3回以内	散布	アザミウマ類
スタークル／アルバリン顆粒水溶剤	ジノテフラン水溶剤	1000～2000倍・200～700ℓ/10a	収穫前日まで	3回以内	散布	チャノキイロ
《マンゼブ剤》						
ジマンダイセン／ペンコゼブ水和剤	マンゼブ水和剤	600倍・200～700ℓ/10a	収穫90日前まで	4回以内	散布	チャノキイロ：カンキツ（ミカンを除く）のみに農薬登録
ジマンダイセン／ペンコゼブ水和剤	マンゼブ水和剤	400～600倍・200～700ℓ/10a	収穫30日前まで	4回以内	散布	チャノキイロ：ミカンのみに農薬登録

ブドウ

商品名	一般名	使用倍数・量	使用時期	使用回数	使用方法	対象害虫：備考
《ジアミド系》						
エクシレルSE	シアントラニリプロール水和剤	5000倍・200～700ℓ/10a	収穫前日まで	3回以内	散布	チャノキイロ
《スピノシン系》						
ディアナWDG	スピネトラム水和剤	5000～10000倍・200～700ℓ/10a	収穫前日まで	2回以内	散布	チャノキイロ
《クロルフェナピル》						
コテツフロアブル	クロルフェナピル水和剤	2000～4000倍・200～700ℓ/10a	収穫14日前まで	2回以内	散布	チャノキイロ・ミカンキイロ
《UN》						
コルト顆粒水和剤	ピリフルキナゾン水和剤	3000倍・200～700ℓ/10a	収穫前日まで	3回以内	散布	チャノキイロ
《ネオニコチノイド系》						
モスピラン水溶剤・顆粒水溶剤	アセタミプリド水溶剤	2000～4000倍・200～700ℓ/10a	収穫14日前まで	3回以内	散布	アザミウマ類
アドマイヤーフロアブル	イミダクロプリド水和剤	5000倍・200～700ℓ/10a	収穫21日前まで	2回以内	散布	アザミウマ類
アドマイヤー顆粒水溶剤	イミダクロプリド水和剤	5000～10000倍・200～700ℓ/10a	収穫21日前まで	2回以内	散布	アザミウマ類
ダントツ水溶剤	クロチアニジン水溶剤	2000～4000倍・200～700ℓ/10a	収穫前日まで	3回以内	散布	チャノキイロ
スタークル／アルバリン顆粒水溶剤	ジノテフラン水溶剤	1000～2000倍・200～700ℓ/10a	収穫前日まで	3回以内	散布	チャノキイロ

カキ

商品名	一般名	使用倍数・量	使用時期	使用回数	使用方法	対象害虫：備考
《スピノシン系》						
ディアナWDG	スピネトラム水和剤	5000～10000倍・200～700ℓ/10a	収穫前日まで	2回以内	散布	アザミウマ類
《フェニルピラゾール系》						
キラップフロアブル	エチプロール水和剤	2000倍・200～700ℓ/10a	収穫7日前まで	2回以内	散布	アザミウマ類
《クロルフェナピル》						
コテツフロアブル	クロルフェナピル水和剤	2000～4000倍・200～700ℓ/10a	収穫14日前まで	2回以内	散布	チャノキイロ
コテツフロアブル	クロルフェナピル水和剤	2000倍・200～700ℓ/10a	収穫14日前まで	2回以内	散布	カキクダ
《UN》						
コルト顆粒水和剤	ピリフルキナゾン水和剤	3000倍・200～700ℓ/10a	収穫前日まで	3回以内	散布	チャノキイロ
《ネオニコチノイド系》						
モスピラン水溶剤・顆粒水溶剤	アセタミプリド水溶剤	2000～4000倍・200～700ℓ/10a	収穫前日まで	3回以内	散布	アザミウマ類
アドマイヤー顆粒水溶剤	イミダクロプリド水和剤	10000倍・200～700/10a	収穫7日前まで	3回以内	散布	アザミウマ類
ダントツ水溶剤	クロチアニジン水溶剤	2000～4000倍・200～700ℓ/10a	収穫7日前まで	3回以内	散布	アザミウマ類
スタークル／アルバリン顆粒水溶剤	ジノテフラン水溶剤	2000倍・200～700ℓ/10a	収穫前日まで	3回以内	散布	チャノキイロ・カキクダ

チャ

商品名	一般名	使用倍数・量	使用時期	使用回数	使用方法	対象害虫：備考
《ジアミド系》						
エクシレルSE	シアントラニリプロール水和剤	2000倍・200～400ℓ/10a	摘採7日前まで	1回	散布	チャノキイロ
《スピノシン系》						
ディアナSC	スピネトラム水和剤	2500～5000倍・200～400ℓ/10a	摘採前日まで	1回	散布	チャノキイロ
スピノエースフロアブル	スピノサド水和剤	2000～4000倍・200～400ℓ/10a	摘採7日前まで	2回以内	散布	チャノキイロ
《アベルメクチン系・ミルベマイシン系》						
アファーム乳剤	エマメクチン安息香酸塩乳剤	1000～2000倍・200～400ℓ/10a	摘採7日前まで	1回	散布	チャノキイロ
アグリメック	アバメクチン乳剤	1000倍・200～400ℓ/10a	摘採7日前まで	1回	散布	チャノキイロ
《クロルフェナピル》						
コテツフロアブル	クロルフェナピル水和剤	2000倍・200～400ℓ/10a	摘採7日前まで	2回以内	散布	チャノキイロ
《フェニルピラゾール系》						
キラップフロアブル	エチプロール水和剤	2000倍・200～400ℓ/10a	摘採7日前まで	1回	散布	チャノキイロ
《METI系》						
ハチハチフロアブル	トルフェンピラド水和剤	1000～1500倍・200～400ℓ/10a	摘採14日前まで	1回	散布	チャノキイロ
ハチハチ乳剤	トルフェンピラド乳剤	1000～1500倍・200～400ℓ/10a	摘採14日前まで	1回	散布	チャノキイロ
《UN》						
コルト顆粒水和剤	ピリフルキナゾン水和剤	2000～3000倍・200～400ℓ/10a	摘採7日前まで	2回以内	散布	チャノキイロ
《ネオニコチノイド系》						
モスピラン水溶剤・顆粒水溶剤	アセタミプリド水溶剤	2000～4000倍・200～400ℓ/10a	摘採14日前まで	1回	散布	チャノキイロ
アドマイヤー顆粒水溶剤	イミダクロプリド水和剤	5000～10000倍・200～400ℓ/10a	摘採7日前まで	1回	散布	チャノキイロ
ダントツ水溶剤	クロチアニジン水溶剤	2000～4000倍・200～400ℓ/10a	摘採7日前まで	1回	散布	チャノキイロ
スタークル／アルバリン顆粒水溶剤	ジノテフラン水溶剤	2000倍・200～400ℓ/10a	摘採7日前まで	2回以内	散布	チャノキイロ
《ベンゾイル尿素系》						
カスケード乳剤	フルフェノクスロン乳剤	4000倍・200～400ℓ/10a	摘採7日前まで	2回以内	散布	チャノキイロ

キク

商品名	一般名	使用倍数・量	使用時期	使用回数	使用方法	対象害虫：備考
《アベルメクチン系・ミルベマイシン系》						
アファーム乳剤	エマメクチン安息香酸塩乳剤	1000 ～ 2000倍・100 ～ 300ℓ /10a	発生初期	5回以内	散布	ミカンキイロ：キクのみで農薬登録
アグリメック	アバメクチン乳剤	500倍・100～300ℓ /10a	発生初期	5回以内	散布	ミカンキイロ：花き類・観葉植物で農薬登録
《スピノシン系》						
ディアナSC	スピネトラム水和剤	2500 ～ 5000倍・100 ～ 300ℓ /10a	発生初期	2回以内	散布	アザミウマ類：花き類・観葉植物で農薬登録
スピノエース顆粒水和剤	スピノサド水和剤	5000倍・100～300ℓ /10a	発生初期	2回以内	散布	アザミウマ類：キクのみで農薬登録
《METI系》						
ハチハチ乳剤	トルフェンピラド乳剤	1000倍・100～300ℓ /10a	発生初期	4回以内	散布	アザミウマ類：キクのみで農薬登録
ハチハチフロアブル	トルフェンピラド水和剤	1000倍・100～300ℓ /10a	発生初期	4回以内	散布	アザミウマ類：花き類・観葉植物で農薬登録
《クロルフェナピル》						
コテツフロアブル	クロルフェナピル水和剤	2000倍・150～300ℓ /10a	発生初期	2回以内	散布	ミカンキイロ・ミナミキイロ：キクのみで農薬登録
《フェニルピラゾール系》						
プリンス粒剤	フェプロニル粒剤	6kg /10a	定植前	1回	植溝土壌混和	アザミウマ類：キクのみで農薬登録
プリンスフロアブル	フェプロニル水和剤	2000倍・100～300ℓ /10a	発生初期	5回以内	散布	アザミウマ類：キクのみで農薬登録
《ネオニコチノイド系》						
ダントツ粒剤	クロチアニジン粒剤	2g/株	発生初期	4回以内	生育期株元散布	アザミウマ類：キクのみで農薬登録
ダントツ水溶剤	クロチアニジン水溶剤	2000倍・100～300ℓ /10a	発生初期	4回以内	散布	アザミウマ類：キクのみで農薬登録
ダントツ水溶剤	クロチアニジン水溶剤	4000倍・1ℓ /㎡	発生初期	4回以内	生育期株元灌注	アザミウマ類：キクのみで農薬登録
モスピラン水溶剤・顆粒水溶剤	アセタミプリド水溶剤	2000倍・100～300ℓ /10a	発生初期	5回以内	散布	アザミウマ類：花き類・観葉植物で農薬登録
アクタラ顆粒水溶剤	チアメトキサム水溶剤	1000倍・100～300ℓ /10a	発生初期	6回以内	散布	ミカンキイロ：キクのみで農薬登録
《ベンゾイル尿素系》						
カウンター乳剤	ノバルロン乳剤	2000倍・100～300ℓ /10a	発生初期	5回以内	散布	アザミウマ類：キクのみで農薬登録
マッチ乳剤	ルフェヌロン乳剤	1000倍・100～300ℓ /10a	発生初期	5回以内	散布	アザミウマ類：キクのみで農薬登録
《生物農薬》						
スワルスキー	スワルスキーカブリダニ剤	500mℓ（約50000頭）/10a	発生直前～発生初期	―	放飼	アザミウマ類：花き類・観葉植物（施設栽培）で農薬登録
スワルスキープラス	スワルスキーカブリダニ剤	200パック/10a（約50000頭/10a）	発生直前～発生初期	―	茎や枝などに吊り下げて放飼	アザミウマ類：花き類・観葉植物（施設栽培）で農薬登録

バラ

商品名	一般名	使用倍数・量	使用時期	使用回数	使用方法	対象害虫：備考
《アベルメクチン系・ミルベマイシン系》						
アファーム乳剤	エマメクチン安息香酸塩乳剤	2000倍・100～300ℓ/10a	発生初期	5回以内	散布	ミカンキイロ：花き類・観葉植物で農薬登録
アグリメック	アバメクチン乳剤	500倍・100～300ℓ/10a	発生初期	5回以内	散布	ミカンキイロ：花き類・観葉植物で農薬登録
《スピノシン系》						
ディアナSC	スピネトラム水和剤	2500～5000倍・100～300ℓ/10a	発生初期	2回以内	散布	アザミウマ類：花き類・観葉植物で農薬登録
《フェニルピラゾール系》						
プリンスフロアブル	フェプロニル水和剤	2000倍・100～300ℓ/10a	発生初期	5回以内	散布	ミカンキイロ：バラのみで農薬登録
《ネオニコチノイド系》						
ダントツ粒剤	クロチアニジン粒剤	2g/株	発生初期	4回以内	生育期株元散布	ミカンキイロ：バラのみで農薬登録
ダントツ水溶剤	クロチアニジン水溶剤	2000～4000倍・100～300ℓ/10a	発生初期	4回以内	散布	ミカンキイロ：バラのみで農薬登録
モスピラン水溶剤・顆粒水溶剤	アセタミプリド水溶剤	2000倍・100～300ℓ/10a	発生初期	5回以内	散布	アザミウマ類：花き類・観葉植物で農薬登録
ベストガード水溶剤	ニテンピラム水溶剤	1000倍・100～300ℓ/10a	発生初期	4回以内	散布	ミカンキイロ：バラのみで農薬登録
《生物農薬》						
スワルスキー	スワルスキーカブリダニ剤	500mℓ（約50000頭）/10a	発生直前～発生初期	－	放飼	アザミウマ類：花き類・観葉植物（施設栽培）で農薬登録
スワルスキープラス	スワルスキーカブリダニ剤	200パック/10a（約50000頭/10a）	発生直前～発生初期	－	茎や枝などに吊り下げて放飼	アザミウマ類：花き類・観葉植物（施設栽培）で農薬登録

著者略歴

柴尾　学（しばお　まなぶ）

1965年福岡県生まれ。岡山大学農学部卒業。博士(農学)。1990年から大阪府農林技術センター（現・地方独立行政法人大阪府立環境農林水産総合研究所）に勤務。アザミウマの生態と防除、各種農作物の総合的害虫管理（ＩＰＭ）を中心に研究。現在、農林害虫防除研究会副会長、関西病虫害研究会編集幹事を務める。

著書に『天敵利用で農薬半減』（共著、農文協、2003）、『原色　野菜の病害虫診断事典』『原色　果樹の病害虫診断事典』（共著、農文協、2015）など。

アザミウマ防除ハンドブック
診断フローチャート付

2016年 2月25日　第 1 刷発行

著 者　柴尾　学

発 行 所　一般社団法人　農 山 漁 村 文 化 協 会
〒107-8668　東京都港区赤坂 7 丁目 6 - 1
電話　03(3585)1141 (代表)　03(3585)1147 (編集)
FAX　03(3585)3668　振替　00120-3-144478
URL　http://www.ruralnet.or.jp/

ISBN978-4-540-14232-1　DTP製作／㈱農文協プロダクション
〈検印廃止〉　印刷・製本／凸版印刷㈱

©柴尾 学 2016
Printed in Japan　定価はカバーに表示
乱丁・落丁本はお取り替えいたします。